T0145109

# Ach, so ist das?

Heinz Herwig

# Ach, so ist das?

## 50 Alltagsphänomene neugierig hinterfragt

Heinz Herwig
Dortmund, Deutschland

ISBN 978-3-658-21790-7 ISBN 978-3-658-21791-4 (eBook)
https://doi.org/10.1007/978-3-658-21791-4

Die Deutsche Nationalbibliothek verzeichnet diese Publikation in der Deutschen Nationalbibliografie; detaillierte bibliografische Daten sind im Internet über http://dnb.d-nb.de abrufbar.

© Springer Fachmedien Wiesbaden GmbH, ein Teil von Springer Nature 2018
Das Werk einschließlich aller seiner Teile ist urheberrechtlich geschützt. Jede Verwertung, die nicht ausdrücklich vom Urheberrechtsgesetz zugelassen ist, bedarf der vorherigen Zustimmung des Verlags. Das gilt insbesondere für Vervielfältigungen, Bearbeitungen, Übersetzungen, Mikroverfilmungen und die Einspeicherung und Verarbeitung in elektronischen Systemen.
Die Wiedergabe von Gebrauchsnamen, Handelsnamen, Warenbezeichnungen usw. in diesem Werk berechtigt auch ohne besondere Kennzeichnung nicht zu der Annahme, dass solche Namen im Sinne der Warenzeichen- und Markenschutz-Gesetzgebung als frei zu betrachten wären und daher von jedermann benutzt werden dürften.
Der Verlag, die Autoren und die Herausgeber gehen davon aus, dass die Angaben und Informationen in diesem Werk zum Zeitpunkt der Veröffentlichung vollständig und korrekt sind. Weder der Verlag noch die Autoren oder die Herausgeber übernehmen, ausdrücklich oder implizit, Gewähr für den Inhalt des Werkes, etwaige Fehler oder Äußerungen. Der Verlag bleibt im Hinblick auf geografische Zuordnungen und Gebietsbezeichnungen in veröffentlichten Karten und Institutionsadressen neutral.

Verantwortlich im Verlag: Thomas Zipsner

Gedruckt auf säurefreiem und chlorfrei gebleichtem Papier

Springer ist ein Imprint der eingetragenen Gesellschaft Springer Fachmedien Wiesbaden GmbH und ist ein Teil von Springer Nature.
Die Anschrift der Gesellschaft ist: Abraham-Lincoln-Str. 46, 65189 Wiesbaden, Germany

# Vorwort 1

Das vorliegende Buch "Ach, so ist das?" basiert auf dem fast gleichnamigen Buch "Ach, so ist das!". Der Wechsel vom Ausrufezeichen zum Fragezeichen im jeweiligen Buchtitel kommt nicht ganz von ungefähr: Das ursprünglich umfangreichere Buch bietet zu jedem der 50 Beispiele sog. "weitergehende Betrachtungen", die häufig mit mathematischen Modellen und bisweilen anspruchsvollen physikalischen Erklärungen zu einem vertieften Verständnis der erläuterten Alltagsphänomene führen (sollen...). Am Ende des vorliegenden Buches ist an vier Beispielen gezeigt, was damit gemeint ist.

Lieber Leser, es gibt aber auch ganz einfache und anschauliche Erklärungen, die Sie in diesem Buch finden – und noch ein Hinweis: Die 50 Phänomene sind zwar (hoffentlich) einigermaßen sinnvoll gruppiert, sie bauen aber nicht aufeinander auf. Das heißt: Blättern erwünscht, und das lesen, was interessiert!

# Vorwort 2 (Danksagung)

Jedes einzelne der 50 Phänomene, die in diesem Buch behandelt werden, ist in einem Kreis von Mitarbeitern des Instituts für Thermofluiddynamik an der TU Hamburg-Harburg ausgiebig, teilweise kontrovers, aber stets konstruktiv diskutiert worden. Dieser umfangreiche Diskussionsprozess hat zu zahlreichen Veränderungen und sicherlich auch zu vielen Verbesserungen geführt. Dafür gilt der besondere Dank (in alphabetischer Reihenfolge): Dr.-Ing. Andreas Moschallski, Dipl.-Ing. Christoph Redecker, Dr.-Ing. Bastian Schmandt, Dr.-Ing. Marc-Florian Uth und Dr.-Ing. Tammo Wenterodt. An den Diskussionen waren auch die drei Studenten beteiligt, die für die Umsetzung der Vorlagen in LaTeX und die Erstellung der Bilder gesorgt haben: Andreas Hansen,

Peter Niemann und Alex Povel. Ein ganz besonderer Dank geht an Herrn Niemann, der bis zum Schluss den Optimismus bewahrt hat, “dass alles schon werden wird”. Ohne Frau Moldenhauer hätten wir aber die vielfach überarbeiteten, z. T. handschriftlichen Vorlagen nicht zu einem sinnvollen Ganzen werden lassen können. Nochmals an alle: Herzlichen Dank!

Last but not least: Die bewährte Zusammenarbeit mit dem Verlag hat wieder großen Spaß gemacht!

Heinz Herwig Hamburg, Frühjahr 2018

# Phänomene nach Kategorien

# Teil I: Haus & Garten ... 1

# Teil I: Haus & Garten

**Hinweis**: Wichtige Begriffe sind in einem Glossar am Ende des Buchs erläutert. Im Text zu den einzelnen Phänomenen sind die auf diese Weise behandelten Begriffe durch sog. KAPITÄLCHEN hervorgehoben (Schreibweise in Großbuchstaben).

**1** **Das Phänomen:** Das seltsame Verhalten einiger Flüssigkeiten im Haushalt

Es gibt eine Reihe von Flüssigkeiten im Haushalt, die sich ganz anders verhalten als wir das z. B. von Wasser gewohnt sind. Sie sind nicht nur insgesamt "zäher" als Wasser, sondern reagieren in bestimmten Situationen auch ganz anders, als wir es aufgrund unserer Erfahrungen mit Wasser erwarten würden. Zu diesen Flüssigkeiten zählen insbesondere

**Bild 1.1:** Flüssigkeiten im Haushalt

- Ketchup, das umso "dünnflüssiger" wird, je schneller wir es schütteln,
- Honig, der umso "zäher" wird, je schneller wir darin rühren,
- Lackfarbe, die sich leicht streichen lässt, dann aber perfekt auf der gestrichenen Fläche haftet - es sei denn, man streicht zu dick und es bilden sich Tropfen, die nach unten fließen.

## ...und die Erklärung

Während bei Feststoffen (ohne bleibende Verformung) die einzelnen Moleküle ihren festen Platz besitzen und schwingende, aber ortsfeste Bewegungen ausführen, verändern die Flüssigkeitsmoleküle während

© Springer Fachmedien Wiesbaden GmbH, ein Teil von Springer Nature 2018
H. Herwig, *Ach, so ist das?*, https://doi.org/10.1007/978-3-658-21791-4_1

eines Strömungsvorgangs permanent ihre Lage. Sie werden gegeneinander verschoben, was wir makroskopisch als Fließen oder eben als *Strömen* wahrnehmen.

Dabei gibt es aber Wechselwirkungen der einzelnen Moleküle untereinander, die sich u. a. in zwischenmolekularen Kraftwirkungen äußern. Wiederum makroskopisch gesehen ist dies der Grund, warum wir eine Kraft aufwenden müssen, um eine Strömung zu erzeugen. Diese Kraft ist erforderlich, um die Trägheitskräfte in der "Anfahrphase" zu überwinden, aber auch wenn eine konstante Strömungsgeschwindigkeit erreicht ist, bedarf es einer permanenten Krafteinwirkung, um die Strömung aufrecht zu erhalten. Am besten kann man sich dies an der einfachst möglichen Strömung verdeutlichen, einer sog. *Scherströmung*, die in Bild 1.2 skizziert ist. Tabelle 1.1 enthält die darin vorkommenden sowie alle anschließend eingeführten Größen.

Diese Strömung entsteht zwischen zwei festen Wänden, wobei die untere Wand ruht und die obere Wand mit einer Geschwindigkeit $U$ in $x$–Richtung bewegt wird. Dazu ist nach den obigen Ausführungen eine Kraft erforderlich, die hier als Kraft pro Fläche, genannt Schubspannung $\tau$, eingeführt werden kann. Diese Schubspannung führt zu dem (konstanten) Geschwindigkeitsanstieg $\mathrm{d}u/\mathrm{d}y$, also zu der Strömung.[1] Wie stark die Strömung unter der Wirkung einer Schubspannung $\tau$ ist, wird durch das Fluidverhalten bestimmt. Der in diesem Zusam-

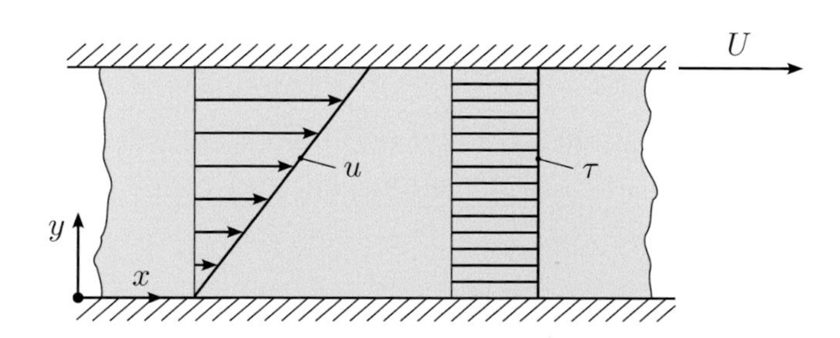


**Bild 1.2:** Einfache Scherströmung unter der Wirkung einer Schubspannung $\tau$

[1]Der gezeigte konstante Geschwindigkeitsanstieg gilt für laminare Strömungen. Bei turbulenten Strömungen entsteht in dieser Strömungssituation ein anderes Profil.

**Tabelle 1.1:** Beteiligte physikalische Größen

| Symbol | Einheit | Bedeutung |
|---|---|---|
| $\tau$ | kg/m s$^2$ | Schubspannung |
| $U$ | m/s | Geschwindigkeit der Platten gegeneinander, s. Bild 1.2 |
| $u$ | m/s | Fluidgeschwindigkeit in x-Richtung |
| $x, y$ | m | Koordinaten in und quer zur Strömungsrichtung |
| $\eta$ | kg/m s | dynamische Viskosität |
| $\tau_0$ | kg/m s$^2$ | Mindestschubspannung |

menhang charakteristische Aspekt ist die *Viskosität* des Fluids. Sie ist (implizit) als skalare Größe $\eta$ durch folgende Beziehung definiert:

$$\tau = \eta \frac{\mathrm{d}u}{\mathrm{d}y} \tag{1.1}$$

und besitzt die Einheit kg/ms. Diese Größe ist eine Fluideigenschaft und charakterisiert das *Fließverhalten*. Unterschiedliche Fluide verhalten sich nun sehr unterschiedlich, weil die Viskosität

- sehr unterschiedliche Zahlenwerte annehmen kann (z. B. ist sie bei Umgebungsbedingungen für Wasser etwa 50-mal so groß wie für Luft),

- entweder ein (nahezu) konstanter Wert ist oder deutlich abhängig davon, wie stark die Strömung ist und damit, welche Schubspannung vorliegt.

Für die Beschreibung des besonderen Fließverhaltens von Ketchup, Honig und Lackfarbe im Vergleich zu Wasser ist nun der zweite Aspekt von Bedeutung. Es gilt qualitativ für unterschiedlich starke Strömungen bei

- **Wasser**: $\eta$ bleibt unverändert.

- **Ketchup**: $\eta$ nimmt mit stärkerer Strömung, d. h. mit wachsender Schubspannung ab. Deshalb sollte man eine Ketchup-Flasche stark schütteln, um den Ketchup in der Flasche in schnelle Bewegung zu versetzen und damit eine gute Durchmischung zu erreichen, wenn er anschließend gut durchmischt genutzt werden soll.

- **Honig**: $\eta$ nimmt mit stärkerer Strömung, d. h. mit wachsender Schubspannung zu. Deshalb spürt man einen überproportional wachsenden Widerstand, wenn man mit einem Löffel stärker im Honig rührt (Zu Vergleichszwecken bietet es sich an, dies anschließend auch mit Ketchup zu tun).

- **Lackfarbe**: Eine Strömung kommt erst bei einer Mindestschubspannung $\tau_0$ zustande, d. h. erst dann gibt es eine Viskosität, die anschließend weitgehend unverändert bleibt. Deshalb lässt sich Lackfarbe wie eine Flüssigkeit streichen, weil dabei die Mindestschubspannung überschritten wird. Anschließend verhält sie sich aber wie ein Festkörper und fließt nicht. Erst wenn die Farbe so dick aufgetragen wird, dass unter der Wirkung des eigenen Gewichts die Mindestschubspannung wieder überschritten wird, fließt ein Lacktropfen nach unten.

**2** **Das Phänomen:** Tee- und Kaffeekannen tropfen leider meist unerwünscht nach

Auch wenn man den Kaffee oder Tee noch so vorsichtig und gefühlvoll einschenkt, am Ende gibt es immer wieder ein Problem. Einzelne Tropfen landen entweder direkt auf dem Tischtuch oder nehmen "den Umweg" über den Hals der Kanne und führen letztlich auch so zu ärgerlichen Flecken. Muss das denn wirklich sein?

**Bild 2.1:** Nach dem Einschenken ist leider oftmals nicht wirklich Schluss ...

## ...und die Erklärung

Unerwünschte Tropfen bilden sich beim Ausgießen aus einer Tee- oder Kaffeekanne direkt am Austritt der sog. Tülle dann, wenn der Tee- oder Kaffeestrahl versiegt. Bild 2.2 zeigt die Situation direkt am Austritt aus der Tee- oder Kaffeekanne für drei aufeinander folgende Zeiten, wenn der Eingießvorgang beendet wird. Solange noch ein kontinuierlicher Tee- oder Kaffeestrahl aus der Tülle austritt, s. Bild 2.2(a) und (b), löst dieser dabei komplett von der Tüllenwand ab. Die Oberflächenspannung des Wassers (gegenüber der umgebenden Luft) sorgt dafür, dass der Wasserstrahl als solcher erhalten bleibt und sich nicht einzelne Tropfen am Austritt abspalten. Kritisch wird es, wenn der Strahl versiegt, d. h. der kontinuierliche Fluidstrahl unterbrochen wird, s. Bild 2.2(c). Dies geschieht direkt am Austritt, weil dort an der Strahloberfläche ein Sprung bezüglich der Randbedingungen auftritt, denen der Strahl unterliegt. Solange der Strahl noch in der Tülle strömt, wirkt die örtliche Wandschubspannung (aufgrund der Haftbedingung). Sobald der Strahl austritt und damit von der Wand ablöst, entfällt diese Spannung und es wirkt nur noch eine minimale Schubspannung gegenüber der mitgerissenen Umgebungsluft.

© Springer Fachmedien Wiesbaden GmbH, ein Teil von Springer Nature 2018
H. Herwig, *Ach, so ist das?*, https://doi.org/10.1007/978-3-658-21791-4_2

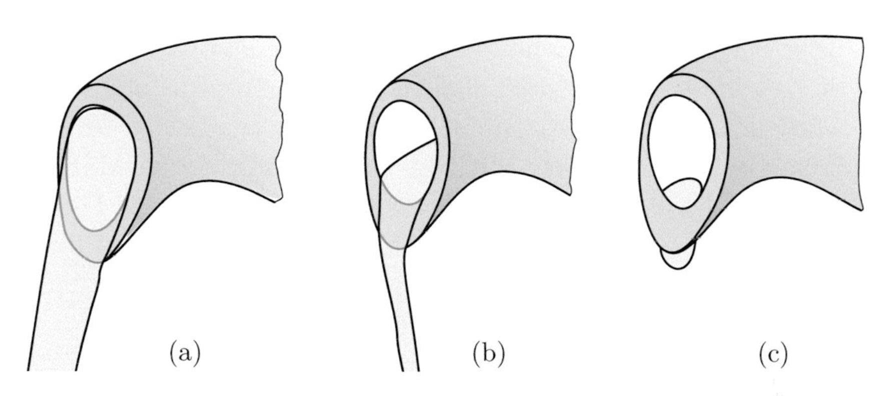


**Bild 2.2:** Strömungsverhältnisse am Tüllen-Austritt
(a) Strahl, Querschnitt voll ausfüllt
(b) Strahl, Querschnitt teilweise ausgefüllt
(c) Tropfenbildung durch Strahlrest

Direkt nachdem der Strahl am Austritt unterbrochen wurde, fließt das in der Tülle verbliebene Fluid in die Kanne zurück, während der abgetrennte Rest nach außen weiterfließt. Dabei entscheidet sich nun, ob bei dieser Abtrennung, d. h. der endgültigen Strömungsablösung, Fluidreste am Tüllenaustritt haften bleiben, die sich dann unter der Wirkung der Fluidoberflächenspannung zu einzelnen Tropfen zusammenziehen und ggf. ihrerseits ablösen können (was dann auf der Tischdecke zu entsprechenden Flecken führt).

Um zu entscheiden, ob und wann es zu einer solchen Tropfenbildung kommt, müssten die äußerst komplexen Vorgänge bei diesen instationären Zweiphasenströmungen um den Ablösevorgang herum analysiert werden. Solche Detailuntersuchungen gibt es[1], ohne dass daraus allerdings die Antwort für jeden Einzelfall gefunden werden könnte. Stattdessen sollen hier Einzelfaktoren aufgeführt werden, die einen entscheidenden Einfluss auf das Tropfverhalten von Tee- und Kaffeekannen haben. Diese Faktoren sind:

[1]Siehe z. B.: Duez, C.; Ybert, C.; Clanet, C. und Bocquet, L. (2010): *Wetting Controls Separation of Inertial Flows from Solid Surfaces*, Phys. Rev. Lett. 104, 084503

(1) Die Benetzbarkeit der Oberfläche. Die Bedeutung der Oberflächenspannung zwischen dem Fluid und der festen Oberfläche (die über den Grad der Benetzbarkeit entscheidet) ist erst seit kurzer Zeit als entscheidender Faktor für das Tropfproblem erkannt worden. Je stärker hydrophob (wasserabstoßend) eine feste Oberfläche ist, umso besser. Mit sog. superhydrophoben Materialien kann die Tropfenbildung sicher ausgeschlossen werden. Da die Benetzbarkeit ein reines Oberflächenphänomen ist, können beliebige Materialien durch eine Oberflächenbeschichtung die Eigenschaft der Superhydrophobie bekommen.

    Alle nachfolgend aufgeführten Punkte besitzen auch einen Einfluss, sind aber bei starker Hydrophobie der Oberfläche nur noch von untergeordneter Bedeutung.

(2) Die Form der Tüllenöffnung, insbesondere der Radius der Tüllenlippe. Dieser Radius sollte so klein wie möglich sein und damit eine nahezu scharfe Abrisskante realisieren. Was die allgemeine Form der Tüllenöffnung betrifft, ist damit auch ein Tropfen zu unterbinden, wenn sie die (bereits 1822 in England patentierte) Form besitzt, die in Bild 2.3(a) gezeigt ist.

(3) Die Strömungsgeschwindigkeit bzw. deren Reduktion bis zur Strahlunterbrechung. Tendenziell ist eine schnelle, nahezu abrupte Unterbrechung der Strömung vorteilhaft, weil damit auf jeden Fall unterbunden wird, dass sich ein schmaler Strahl um den Austrittradius herum entwickelt und dann größere Fluidmengen außen an der Tülle entlang laufen.

Sollten alle Maßnahmen nicht greifen, bleibt immer noch die Notlösung, einen Tropfenfänger anzubringen, s. Bild 2.3(b)!

**Bild 2.3:** Tropfenvermeidung

(a) Spezielle Tüllenöffnung zur Vermeidung des Nachtropfens (Patentiert in England, 1822)

(b) und die Notlösung, wenn alle Maßnahmen fehlschlagen

3

**Das Phänomen:** Nicht an jedem heißen Gegenstand verbrennen wir uns die Finger - wieso eigentlich nicht?

An einer heißen Pfanne können wir uns auf sehr unangenehme Weise die Finger verbrennen, an einem gleich heißen Gegenstand aus Kunststoff aber nicht. Es kann also nicht alleine die Temperatur eines Gegenstands entscheidend dafür sein, ob wir uns die Finger verbrennen oder nicht.

**Bild 3.1:** Schmerzhafte Begegnung mit einer heißen Bratpfanne

## ...und die Erklärung

Sich die Finger[1] zu verbrennen bedeutet, dass eine große Energiemenge in Form von Wärme in relativ kurzer Zeit und auf einem hohen Temperaturniveau in die Haut übertragen wird und es dabei zu Gewebeveränderungen kommt. Dies sind zunächst keine präzisen Angaben und es ist in der Tat auch nicht möglich, verbindliche Zahlenwerte zu nennen, da die konkreten Situationen, in denen wir uns verbrennen können, sehr unterschiedlich sind. Die Erfahrung besagt aber, dass Gegenstände mit hoher WÄRMEKAPAZITÄT und hoher WÄRMELEITFÄHIGKEIT, wie z. B. die meisten Metalle, nicht aber Holz oder leichte Kunststoffe, besonders "gefährlich" sind. Außerdem spielt offensichtlich die Kontaktzeit eine wesentliche Rolle, weil wir Verbrennungen vermeiden können, wenn wir die Finger rechtzeitig zurückziehen.

Um ein Verbrennen des Fingers zu vermeiden, darf eine bestimmte Energiemenge, die in den Finger gelangt, nicht überschritten werden und es darf eine bestimmte Temperatur nicht erreicht werden, bei der es zu einer Gewebeveränderung am Finger kommen würde. Daraus folgen als qualitative Aussagen:

[1]Der Finger steht hier "stellvertretend" für alle Stellen am Körper, an denen wir uns verbrennen können.

© Springer Fachmedien Wiesbaden GmbH, ein Teil von Springer Nature 2018
H. Herwig, *Ach, so ist das?*, https://doi.org/10.1007/978-3-658-21791-4_3

- Je höher die Wärmekapazität des heißen Gegenstands ist, umso mehr Energie ist in ihm gespeichert, die dann an den Finger abgegeben werden kann. Bei diesem Wärmeübergang an den Finger kühlt der heiße Gegenstand ab, bei geringer Wärmekapazität so schnell, dass nach kurzer Zeit keine gefährliche Temperatur mehr vorliegt.

- Je höher die Wärmeleitfähigkeit des heißen Gegenstands ist, umso leichter und schneller kann Energie an die Kontaktstelle mit dem Finger gelangen und dann in den Finger fließen.

Metalle, z.B., haben sowohl eine hohe Wärmekapazität als auch eine hohe Wärmeleitfähigkeit: Viel Energie fließt in den Finger und der heiße Gegenstand kühlt nur langsam ab $\rightarrow$ wir können uns verbrennen!

Holz, z.B., hat eine geringe Wärmekapazität und niedrige Wärmeleitfähigkeit: Wenig Energie fließt in den Finger und der heiße Gegenstand kühlt in der Nähe der Kontaktstelle schnell ab $\rightarrow$ unser Finger ist nicht in Gefahr!

**4** **Das Phänomen:** Wassertropfen "tanzen" auf der heißen Herdplatte - sicherlich nicht aus Übermut

Wenn man z. B. eine heiße Pfanne langsam mit Wasser füllt, bildet sich zunächst ein Wasserfilm, in dem man kurz danach erste Dampfblasen erkennen kann. Offensichtlich verdampft das Wasser (wenn nur wenig eingefüllt wird) ziemlich stark, wobei sich immer mehr schnell anwachsende Dampfblasen bilden. Wenn die Fläche, auf die das Wasser auftrifft, aber sehr heiß ist, wie z. B. die Herdplatte selbst, geschieht etwas ganz anderes: Es bildet sich kein Film mit Dampfblasen, sondern einzelne Tropfen "tanzen wie von Geisterhand geführt" auf dem heißen Untergrund hin und her.

**Bild 4.1:** Auf einer heißen Herdplatte "munter herumtanzende" Wassertropfen

## ...und die Erklärung

Wenn eine Flüssigkeit der Temperatur $T_{\mathrm{F}}$ mit einer Wand in Berührung kommt, die eine höhere Temperatur $T_{\mathrm{W}}$ besitzt, fließt ein Wärmestrom von der Wand in die Flüssigkeit. Dieser Wärmestrom ist umso größer, je größer die "treibende Temperaturdifferenz" $T_{\mathrm{W}} - T_{\mathrm{F}}$ ist. Solange die Wandtemperatur $T_{\mathrm{W}}$ kleiner als die Siedetemperatur $T_{\mathrm{S}}$ der Flüssigkeit ist (bei Wasser und einem Druck von $p = 1\,\mathrm{bar}$ gilt $T_{\mathrm{S}} \approx 100\,°\mathrm{C}$), erwärmt sich die Flüssigkeit, es findet aber an der Kontaktfläche zwischen Wand und Flüssigkeit kein Phasenwechsel (keine Verdampfung) statt. Erst für $T_{\mathrm{W}} > T_{\mathrm{S}}$ kommt es zu einem Verdampfungsvorgang an der Kontaktfläche. Dabei steigt dann die Temperatur der Flüssigkeit nicht weiter an (sie bleibt bei $T_{\mathrm{S}}$) und die gesamte zugeführte Energie dient

© Springer Fachmedien Wiesbaden GmbH, ein Teil von Springer Nature 2018
H. Herwig, *Ach, so ist das?*, https://doi.org/10.1007/978-3-658-21791-4_4

der Verdampfung. Mit steigender Temperaturdifferenz treten dabei aber sehr unterschiedliche Formen des Phasenwechsels auf. Für geringe Wassermengen, die auf eine heiße Oberfläche mit $T_W > T_S$ gegeben werden, können dabei drei Verdampfungsformen unterschieden werden, und zwar:

(1) *Blasensieden* in einem dünnen Wasserfilm; kurz nachdem sich auf der heißen Oberfläche ein Flüssigkeitsfilm ausgebildet hat, bilden sich in diesem sehr viele kleine Dampfblasen, die schnell anwachsen und in ihrem Zusammenspiel fast wie ein Schaum wirken. Dies tritt etwa bei Oberflächentemperaturen $100\,°C < T_W < 200\,°C$ auf.

(2) Bei Temperaturen etwas über 200 °C bildet sich kein Flüssigkeitsfilm aus. Im Zusammenspiel lokaler Verdampfungsvorgänge und der Wirkung der Oberflächenspannung der Flüssigkeit bilden sich einzelne Tropfen aus, die keinen direkten Kontakt zur heißen Oberfläche haben. Zwischen den Tropfen und der heißen Wand besteht ein Dampffilm, wie dies in Bild 4.2 skizziert ist. Dieser Film stellt einen großen Wärmewiderstand dar, so dass nur ein relativ kleiner Wärmestrom von der Wand an die Tropfenoberfläche fließt (und dort zur weiteren Verdampfung des Wassers führt). Damit erfolgt der Verdampfungsvorgang insgesamt sehr viel langsamer als beim zuvor beschriebenen Blasensieden. Das heißt, dass die auf dem Dampffilm "tanzenden" Flüssigkeitstropfen relativ langlebig sind. Der Verdampfungsvorgang unter dem Tropfen verläuft in dieser Situation gerade so schnell ab, dass er den seitlich unter dem Tropfen ausströmenden Dampf kompensiert und damit der Dampffilm unverändert erhalten bleibt. Die Temperatur, bei der die Tropfen am längsten als solche erhalten bleiben, wird *Leidenfrost-Temperatur* genannt. Sie liegt für Wasser und bei einem Umgebungsdruck $p = 1\,\text{bar}$ etwas oberhalb von 200 °C.

Der Vorgang insgesamt wird als *Leidenfrost-Phänomen* bezeichnet, benannt nach Johann Gottlieb Leidenfrost (1715 - 1794), einem deutschen Mediziner, der das Phänomen im Jahr 1756 beschrieben hat. Dies ist also das Phänomen der eingangs beschriebenen "tanzenden" Wassertropfen. Man kann es auch nutzen, um festzustellen, ob eine heiße Fläche bereits Temperaturen oberhalb von 200 °C erreicht hat.

(3) Wenn bei sehr hohen Wandtemperaturen große Wassermengen auf die heiße Oberfläche gegeben werden, können sich keine einzelnen Tropfen mehr ausbilden. Anders als beim Blasensieden steigen aber einzelne Blasen nicht mehr auf, sondern vereinigen sich zu einem großflächigen Dampffilm zwischen der heißen Wand und der Flüssigkeit. Dieser Dampffilm wirkt aber wieder als großer Wärmewiderstand, so dass die gleichbleibenden Verdampfungsraten in dieser Situation nur bei sehr viel höheren Temperaturen erreicht werden. Diese können durchaus Werte von über 1000 °C erreichen und sind als solche nicht am heimischen Herd realisierbar. Den Vorgang nennt man *Filmsieden*.

Bisher ist das Leidenfrost-Phänomen in einer Situation beschrieben worden, in der eine Flüssigkeit bei Raumtemperatur auf eine heiße Wand trifft. Prinzipiell gleiche Verhältnisse treten aber auch auf, wenn eine Wand bei Raumtemperatur mit einer sehr kalten Flüssigkeit in Kontakt kommt. Auch dann gibt es eine treibende Temperaturdifferenz, wiederum $T_W - T_F$, die zu einem Wärmestrom von der Wand in das Fluid führt. Wenn die Wandtemperatur höher als die Siedetemperatur der Flüssigkeit ist ($T_W > T_S$), kommt es zur Verdampfung der Flüssigkeit, wiederum prinzipiell in den zuvor beschriebenen drei Formen.

Eine solche Situation liegt vor, wenn man eine Hand (besser nur kurzfristig) in flüssigen Stickstoff taucht. Dessen Siedetemperatur liegt

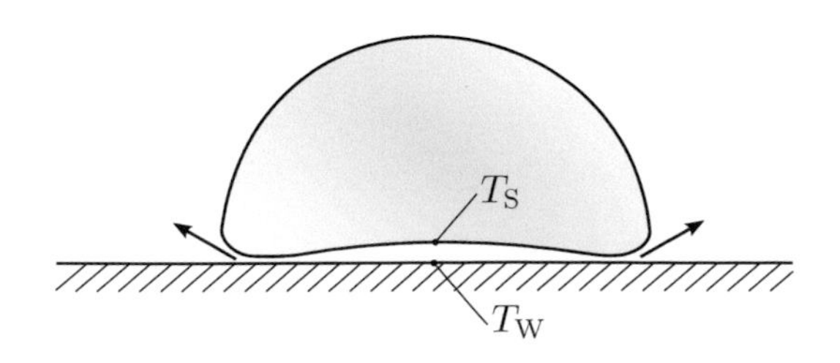


**Bild 4.2:** "Tanzender" Tropfen auf einer heißen Wand; Ausbildung eines Dampffilms unter dem Flüssigkeitstropfen (Leidenfrost-Phänomen)

für einen Druck $p = 1\,\mathrm{bar}$ bei etwa $-196\,°\mathrm{C}$. Damit besteht eine Temperaturdifferenz von mehr als $200\,°\mathrm{C}$ zwischen der Hand ("Wand" bei Raumtemperatur) und der sehr kalten Flüssigkeit, so dass sich im Sinne des Filmsiedens ein Stickstoffdampffilm zwischen der Hand und dem flüssigen Stickstoff bildet. Dessen hoher Wärmewiderstand verhindert ein zu schnelles Auskühlen der Hand und damit einhergehende Erfrierungen. Aber Vorsicht: Ein zu langes Eintauchen der Hand ist gefährlich, genauso wie das Tragen von Ringen bei diesem Versuch. Die hohe Wärmeleitfähigkeit von Metallen würde mit Sicherheit zu lokalen Erfrierungen führen!

**5** **Das Phänomen:** Wir drehen ganz selbstverständlich einen Wasserhahn auf oder zu - aber was geschieht dabei eigentlich genau?

Einer der alltäglichsten Handgriffe im Haushalt ist das Auf- oder Zudrehen eines Wasserhahns. Der Effekt ist nicht überraschend; es fließt mehr oder weniger Wasser. Trotzdem ist es ganz aufschlussreich, genauer zu ergründen, warum das so ist und welche physikalischen Vorgänge damit verbunden sind.

**Bild 5.1:** Wasserhahn in der heimischen Küche

## ...und die Erklärung

Kinder würden sicherlich die Erklärung akzeptieren, dass Wasser hinter dem Wasserhahn langsamer strömt, wenn man diesen weiter zudreht. Dies impliziert die falsche Vorstellung, dass der Wasserhahn die Fließgeschwindigkeit des ankommenden Wassers "abbremsen" könnte und damit für einen Geschwindigkeitsunterschied zwischen der Strömung vor und nach dem Wasserhahn sorgen könnte.[1]

Richtig ist vielmehr, dass ein weiter zugedrehter Wasserhahn dafür sorgt, dass die Geschwindigkeit insgesamt, also sowohl vor als auch nach dem Wasserhahn herabgesetzt wird. Dies geschieht, weil der Wasserhahn einen (zusätzlichen) variablen Widerstand in dem Rohrleitungssystem (letztlich vom Wasserwerk bis zum Austritt aus dem Wasserhahn) darstellt.

Alternativ könnte man versuchen, den Austrittsquerschnitt zu verringern, in dem man ihn etwa mit dem Daumen teilweise zuhält, s. dazu auch das Phänomen Nr. 14 zum Thema Gartenbewässerung. Jeder, der dies schon einmal versucht hat, weiß, dass die Wirkung

[1]Eine ähnlich falsche Vorstellung besagt, dass eine Pumpe, die Wasser fördert, zu einer höheren Geschwindigkeit hinter der Pumpe führt, also das Wasser beschleunigt.

© Springer Fachmedien Wiesbaden GmbH, ein Teil von Springer Nature 2018
H. Herwig, *Ach, so ist das?*, https://doi.org/10.1007/978-3-658-21791-4_5

eine ganz andere ist: Statt einen verringerten Wasserstrom mit kleinen Strömungsgeschwindigkeiten zu erzielen wird zwar der Wasserfluss reduziert, es entstehen aber sehr hohe Geschwindigkeiten (mit denen einiges "angerichtet" werden kann ...). In beiden Fällen wird der Strömungsquerschnitt verengt, dies geschieht aber einmal in der Leitung und einmal im Austritt. Wenn es, wie beim Wasserhahn, vor dem Austritt geschieht, muss das Wasser nach dem Wasserhahn wieder den gesamten Querschnitt ausfüllen, weil dort keine Luft vorhanden ist. Dies bedeutet aber, dass die Geschwindigkeit wieder auf den Wert vor der Einschnürung herabgesetzt wird, wie dies in Bild 5.2(a) skizziert ist.

Bei einem entsprechend weit geschlossenen Ventil (Wasserhahn) läuft dann ein Wasserstrahl langsam und gleichmäßig aus der Öffnung des Hahns. Eine vergleichbare Verengung am Austritt, s. Bild 5.2(b), würde einen scharfen Wasserstrahl erzeugen, der am Waschbecken unerwünscht ist.

Wie wichtig es ist, dass vor und hinter dem Ventil nur Wasser, aber keine Luft vorhanden ist, merkt man, wenn nach einer Wasserabschaltung der neue Wasserfluss beginnt und dabei zunächst noch einige Gaseinschlüsse in der Leitung vorhanden sind. Zu einem "ruhigen" Wasserfluss kommt es erst, wenn diese vollständig beseitigt sind.

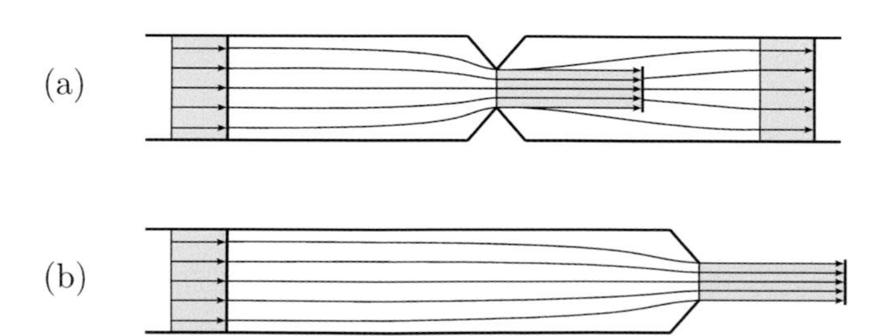


**Bild 5.2:** Querschnittsverengung in einer Wasserleitung

(a) innerhalb der Leitung (Ventil)

(b) am Ende der Leitung

In diesem Zusammenhang sollte auch der sog. *Perlator* erwähnt werden. Es handelt sich dabei um einen Strahlregler[1], der am Austritt eines Wasserhahns angebracht wird und und dort dem Wasser kleine Luftblasen zumischt (was auch zu den Bezeichnungen *Mischdüse* oder *Luftsprudler* führt). Damit handelt es sich dann nicht mehr um einen reinen Wasserstrahl, sondern um einen 2-Phasen Wasser-Luft-Strahl, der weitgehend gleichmäßig und spritzfrei strömt. Da der Perlator einen relativ großen Strömungswiderstand darstellt, wird der fließende Massenstrom deutlich reduziert. Es wird somit "Wasser gespart", aber auf eine Art, die wir nicht als Qualitätsverlust im Sinne eines nicht mehr ausreichenden Wasserflusses empfinden.

[1]Dies ist die übliche Bezeichnung, obwohl aufgrund der Wirkungsweise von einem "Strahlsteuerer" gesprochen werden müsste (Regelung: mit Rückkopplung; Steuerung: ohne Rückkopplung der Zielgröße).

**6** **Das Phänomen:** Ein Wasserstrahl bildet nach dem Aufprall auf eine ebene Fläche eine kreisringförmige Struktur aus

Wenn ein Wasserstrahl auf eine ebene Fläche auftrifft, breitet er sich anschließend als dünner Film gleichmäßig in radialer Richtung aus. Bei einem bestimmten Radius kommt es aber zu einer deutlichen Verdickung des Flüssigkeitsfilms. Dieser Übergang ist dann als kreisförmige Struktur im Wasserfilm deutlich zu erkennen. Dies kann man z. B. beobachten, wenn der Wasserstrahl im Spülbecken auf einen großen flachen Teller auftrifft.

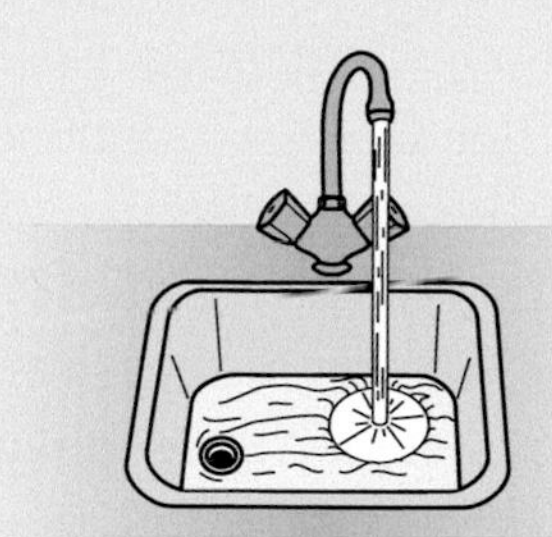

**Bild 6.1:** Struktur im auftreffenden Wasserstrahl

## ...und die Erklärung

Es handelt sich bei der vorliegenden Strömungsform um eine Strömung in einem sog. *offenen Gerinne*, wie es noch markanter z. B. bei der Strömung eines Flusses in seinem Flussbett der Fall ist. Entscheidend hierbei ist, dass an der gesamten Oberfläche der Umgebungsdruck herrscht und dass die Strömung aufgrund von Gewichtskräften zustande kommt. Beides ist bei Strömungen in geschlossenen, vollständig vom Fluid gefüllten Gerinnen (man spricht dann von Kanälen oder Rohren) nicht der Fall. Die dort herrschenden Drücke sind die wesentliche Ursache für diese Strömungen, während offene Gerinneströmungen letztlich durch die Wirkung der Schwerkraft zustande kommen.

Die Erklärung für das eingangs beschriebene Phänomen der kreisringförmigen Struktur in der Strömung, die durch den aufprallenden Wasserstrahl entsteht, ergibt sich aus folgenden Überlegungen. An der freien Oberfläche einer offenen Gerinneströmung können durch unterschiedliche Störungen Wellen entstehen, die sich mit einer bestimmten

© Springer Fachmedien Wiesbaden GmbH, ein Teil von Springer Nature 2018
H. Herwig, *Ach, so ist das?*, https://doi.org/10.1007/978-3-658-21791-4_6

Geschwindigkeit $w$ relativ zum Fluid ausbreiten. Diese Wellen entstehen durch das Zusammenspiel von Trägheitskräften und hydrostatischen Druckkräften und werden *Schwerewellen* genannt. Für geringe Fluidtiefen im Gerinne gilt für die Wellenausbreitungsgeschwindigkeit $w = \sqrt{g\,h}$ mit $g$ als Erdbeschleunigung und $h$ als Fluidtiefe.

Neben der Geschwindigkeit $w$ gibt es aber auch noch die Strömungsgeschwindigkeit $u$, die prinzipiell kleiner oder größer als $w$ sein kann (Im Fall des aufprallenden Wasserstrahls ist $u$ die radial nach außen gerichtete Strömungsgeschwindigkeit). Diese zwei Fälle sind von sehr unterschiedlicher Natur, da sich für $u > w$ eine Störung (anders als im Fall $u < w$) nicht mehr stromaufwärts auswirken kann. Diese schnelle Strömung mit $u > w$ heißt *Schießen*, während man eine relativ langsame, offene Gerinneströmung mit $u < w$ als *Strömen* bezeichnet. Eine genauere Analyse ergibt nun, dass unter bestimmten Voraussetzungen beide Strömungsformen möglich sind. Dabei erfolgt der Übergang vom Strömen ins Schießen in einem Gerinne stets kontinuierlich, während der umgekehrte Wechsel vom schnellen Schießen zum langsamen Strömen stets sprungartig erfolgt. Dieser Übergang heißt *Wechselsprung* und muss aus Kontinuitätsgründen durch ein entsprechend schlagartiges Anwachsen der Fluidtiefe begleitet sein. Genau diese Übergangsstelle ist die kreisförmige Struktur in dem sich radial ausbreitenden Wasserstrahl.

Die hier beschriebenen Vorgänge weisen eine strukturelle Ähnlichkeit zu Unter- und Überschall-Gasströmungen auf. Auch hier entscheidet der Vergleich der Strömungsgeschwindigkeit, jetzt mit der Schallgeschwindigkeit (Ausbreitungsgeschwindigkeit kleiner Druckstörungen relativ zum Fluid), welche Strömungsform vorliegt. Auch hier erfolgt der Übergang von einer Unter- auf eine Überschallströmung kontinuierlich, während der umgekehrte Übergang sprungartig in einem sog. *Verdichtungsstoß* erfolgt.

**7** **Das Phänomen:** Ein lose herabhängender Duschvorhang bewegt sich unerwünscht auf den Körper zu, wenn die Dusche angestellt wird

Das Phänomen ist so bekannt wie unerwünscht: Nachdem die Dusche stark aufgedreht worden ist, wird der zunächst lose herabhängende Duschvorhang "wie von Geisterhand" nach innen gedrückt und kann dann im Extremfall sogar unangenehm am nassen Körper kleben. Erst wenn die Dusche wieder abgestellt wird, kehrt er in seine alte Position zurück.
"Erfahrene Duscher" wissen, dass dieses Problem nicht auftritt, wenn der Duschvorhang ein Stück weit geöffnet wird.

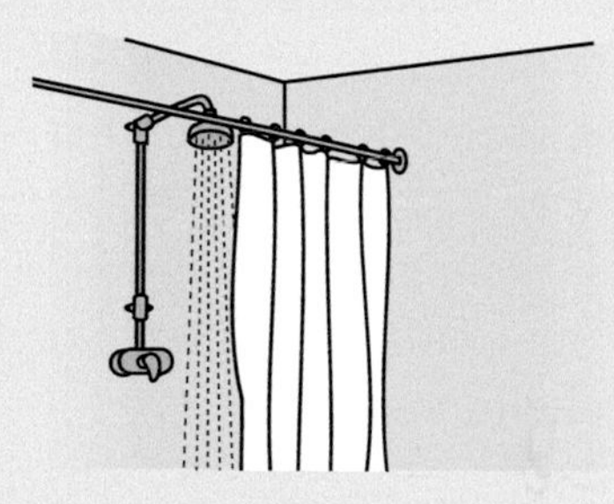

**Bild 7.1:** Nach dem Anstellen der Dusche klebt der lose Duschvorhang am Körper

## ...und die Erklärung

Wenn sich der Vorhang bei laufender Dusche nach innen bewegt, müssen dafür entsprechende Kräfte verantwortlich sein. Offensichtlich können dies nur Druckkräfte sein, die durch eine Veränderung in der Luft beiderseits des Vorhangs zustande kommen. Da sich außen "nichts Nennenswertes tut", wenn die Dusche angestellt wird, entsteht offensichtlich auf der Innenseite ein Unterdruck, da sich der Vorhang ja nach innen bewegt. Wie aber kommt dieser zustande? Für eine Erklärung muss man die Umgebung der einzelnen Wasserstrahlen betrachten, die den Duschkopf verlassen. Bild 7.2(a) zeigt als Detail einen einzelnen Wasserstrahl, der aus dem Duschkopf in zunächst ruhende Luft austritt. Da an der Oberfläche des Strahles die sog. *Haftbedingung* gilt, d. h., dass die oberflächennächsten Luftschichten nahezu dieselbe Geschwindigkeit besitzen wie die bewegte Wasseroberfläche, entsteht

© Springer Fachmedien Wiesbaden GmbH, ein Teil von Springer Nature 2018
H. Herwig, *Ach, so ist das?*, https://doi.org/10.1007/978-3-658-21791-4_7

ein Geschwindigkeitsfeld auch in der umgebenden Luft, wie dies in der Skizze 7.2(a) angedeutet ist. Aus der ruhenden Luft wird also Fluid in die Grenzschicht eingesaugt, die um den Wasserstrahl herum entsteht. Dieser Einsaugeffekt am Grenzschichtrand (engl.: *entrainment*) führt zu einem Unterdruck (⊖ in Bild 7.2(b)) in der näheren Umgebung der Duschstrahlen. In der Nähe des Vorhangs entsteht also die bereits erwähnte Druckdifferenz, die den Vorhang in die Richtung der laufenden Dusche bewegt.

Eine Gegenmaßnahme besteht darin, den Duschvorhang ein Stück zu öffnen, um damit ein Einströmen zu ermöglich, das die Druckdifferenz entsprechend verringert.

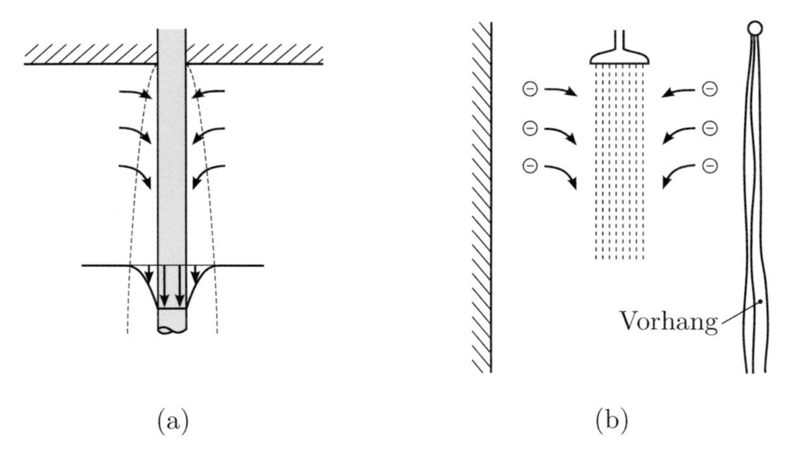


**Bild 7.2:** Strömungs- und Druckverhältnisse in der Umgebung der Wasserstrahlen beim Duschen
(a) Ausbildung einer Strömungsgrenzschicht um die einzelnen Wasserstrahlen und der damit verbundene Einsaugeffekt
(b) Entstehung von Unterdruck (⊖) in der weiteren Umgebung der Duschstrahlen

8

**Das Phänomen:** Eine defekte Toilettenspülung unterbricht den Wasserfluss nicht langsam, sondern lässt den "Wasserhammer" zuschlagen

Während normalerweise ein spezielles, langsam schließendes Ventil den Wasserfluss bei der Toilettenspülung allmählich geringer werden lässt, führt ein defektes Ventil zu einer plötzlichen Unterbrechung. Die Folge ist ein beunruhigend lautes, knallartiges Geräusch, das von der Wasserleitung ausgeht und eine erhebliche Belastung der Rohre vermuten lässt. Nach allgemeinem Sprachgebrauch ist dies das Geräusch des "Wasserhammers".

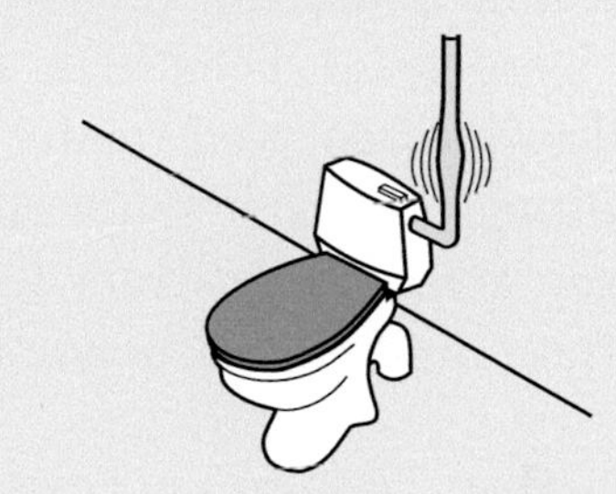

**Bild 8.1:** Der "Wasserhammer" schlägt zu ...

## ...und die Erklärung

Wasser ist ein Fluid mit nahezu unveränderlicher, aber sehr großer Dichte. Wenn eine Strömung von Wasser plötzlich durch ein Ventil gestoppt wird, so wird die relativ große bewegte Masse sehr starken (negativen) Beschleunigungen ausgesetzt, was nach dem mechanischen Prinzip "Kraft = Masse × Beschleunigung" zu entsprechend großen Trägheitskräften führt, die von der Wasserleitung aufgenommen werden müssen. Der Begriff des "Wasserhammers" veranschaulicht diesen Vorgang. Anders als bei einem tatsächlichen Schlag mit einem Hammer auf einen Festkörper, treten im Wasser fluidspezifische Phänome auf und der beteiligte Festkörper (die Rohrleitung) interagiert auf ganz spezielle Weise mit dem Fluid.

Es entstehen kurzzeitig starke Druckerhöhungen, aber auch starke Druckabsenkungen. Dies kann gefährlich werden, wenn dabei der *Dampfdruck* der Flüssigkeit unterschritten wird. Es kommt dann zur lokalen Bildung von Dampf und der u. U. schlagartigen Rückbildung

© Springer Fachmedien Wiesbaden GmbH, ein Teil von Springer Nature 2018
H. Herwig, *Ach, so ist das?*, https://doi.org/10.1007/978-3-658-21791-4_8

dieser Dampfpolster. Dieser Vorgang wird KAVITATION genannt und führt ebenfalls zu hohen Kräften zwischen dem Fluid und den begrenzenden Bauteilen.

Bei einer genaueren Analyse stellt sich heraus, dass die Vorgänge im Zusammenhang mit dem Wasserhammer-Phänomen im häuslichen Alltag keine gefährliche, d. h. die Bauteile gefährdenden Situationen heraufbeschwören, weil relativ kurze Rohrleitungen mit nur geringen Rohrleitungsquerschnitten vorliegen. Bei außerhäuslichen Versorgungsleitungen erheblich größerer Längen und mit sehr viel größeren Querschnitten muss dieses Phänomen aber sehr ernst genommen werden.

9

**Das Phänomen:** Luftfeuchte, Behaglichkeit und Schimmelbildung

Für eine behagliche Wohnatmosphäre darf die Luft weder "zu trocken" noch "zu feucht" sein. Bei deutlich zu feuchter Luft kommt es sogar zur Kondensation des Wasserdampfes aus der feuchten Luft. In diesem Zusammenhang kann es dann zur Schimmelbildung an kalten Außenwänden und zu Stockflecken im stets feuchten Badezimmer kommen. Zusätzlich stellt sich die Frage, warum wir zu trockene und zu feuchte Luft als unangenehm empfinden.

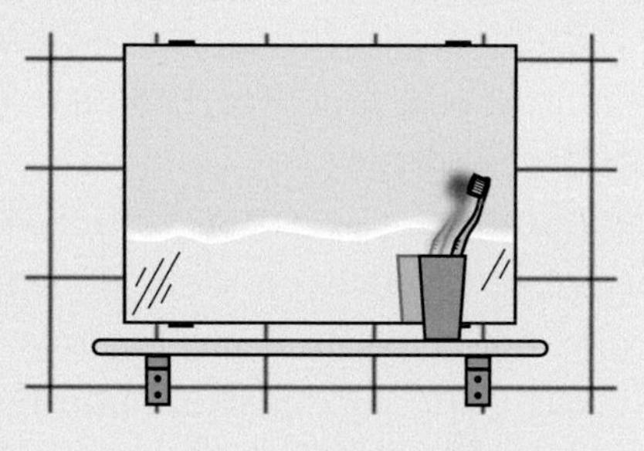

**Bild 9.1:** Beschlagener Badezimmerspiegel

## …und die Erklärung

Für die nachfolgende Beschreibung einzelner Besonderheiten im Zusammenhang mit zu niedriger oder zu hoher Luftfeuchte sollte man sich zunächst einige Fakten vergegenwärtigen.

Luft ist in allen Alltagssituationen stets feuchte Luft, die eine bestimmte Menge Wasser in gasförmigem Zustand enthält. Diese gasförmige Wasserkomponente wird in diesem Zusammenhang auch *Dampf* genannt. Als Maß für die Menge des Dampfes in der feuchten Luft gibt man entweder einen absoluten oder einen relativen Wert an.

Der absolute Wert, die sog. *Wasserbeladung* $X$, gibt an, wieviel Gramm Wasser in einem Kilogramm trockener Luft enthalten ist (Einheit: $g_W/kg_{trL}$). Die Bezugsgröße ist hier die trockene, also wasserfreie Luft, weil sich diese bei Prozessen mit veränderlicher Wasserbeladung nicht verändert.

© Springer Fachmedien Wiesbaden GmbH, ein Teil von Springer Nature 2018
H. Herwig, *Ach, so ist das?*, https://doi.org/10.1007/978-3-658-21791-4_9

Als relativer Wert wird die *relative Feuchte* $\varphi$ eingeführt, die angibt, wieviel des maximal möglichen Dampfes bei einer bestimmten Temperatur in der feuchten Luft enthalten ist (Einheit: %). Die Grenzwerte sind $\varphi = 0$ bzw. 0 % und $\varphi = 1$ bzw. 100 %.

Entscheidend für die Erklärung verschiedener Phänomene im Zusammenhang mit feuchter Luft ist die Tatsache, dass nur eine bestimmte, von der Temperatur abhängige Menge Wasser gasförmig in der Luft aufgenommen werden kann. Wenn aus bestimmten Gründen diese Menge überschritten wird, so liegt der über die Höchstmenge hinausgehende Anteil in flüssiger Form vor, entweder als fein verteilte Tröpfchen (Nebel) oder als zusammenhängende Wasseransammlung (bis hin zur Pfütze)[1]. Die Höchstmenge an Wasserdampf in feuchter Luft ist stark temperaturabhängig, sie wächst mit steigender Temperatur deutlich an. Dies führt dazu, dass Luft, die zunächst noch nicht gesättigt ist (die Höchstmenge an Wasserdampf liegt noch nicht vor) durch eine Abkühlung die Sättigungsgrenze erreicht und dann überschreitet. Bei diesem Vorgang wird die sog. TAUPUNKTTEMPERATUR unterschritten und es kommt zur Kondensation, d. h. zur Bildung von Nebel oder von zusammenhängenden Wasseransammlungen. Jede konkret vorliegende feuchte Luft besitzt damit als Charakteristikum eine Taupunkttemperatur als diejenige Temperatur, bei der (bei unverändertem Druck und unveränderter Zusammensetzung) der Sättigungszustand erreicht wird.

Mit diesen Fakten können nun einige Aspekte feuchter Luft im (Wohn-)Alltag erläutert werden.

- **Warum es zur Schimmelbildung an kalten Wänden kommen kann**

  Schimmel kann sich an Stellen bilden, wo Wände feucht sind, d. h. wo durch Kondensation des Wasserdampfes flüssiges Wasser abgeschieden wird und in die oberflächennahen Wandschichten eindringt. Eine Abscheidung durch Kondensation liegt vor, wenn an bestimmten Stellen die Taupunkttemperatur der Raumluft unterschritten wird. Bild 9.2 zeigt, warum dies auftreten kann und

[1] Bei Temperaturen unter 0 °C liegt der nicht mehr gasförmig gespeicherte Wasseranteil in fester Form vor, wiederum entweder fein verteilt (Reif) oder als zusammenhängende Wasseransammlung (Eis).

welche Gegenmaßnahmen sinnvoll sind. In Bild 9.2(a) sind ein Querschnitt durch eine nicht wärmegedämmte Mauer sowie der prinzipielle Temperaturverlauf zwischen der Innentemperatur $T_\mathrm{i}$ und der Außentemperatur $T_\mathrm{a}$ gezeigt. Die zugehörige Taupunkttemperatur $T_\mathrm{T}$ liegt über der Temperatur an der Innenseite der Wand, so dass es dort zur Kondensation der Luftfeuchte kommt, weil die Taupunkttemperatur unterschritten wird.

Als Gegenmaßnahme wird eine Wärmedämmung der Wand erwogen, um den Verlust-Wärmestrom zu reduzieren und in der Hoffnung, eine Schimmelbildung zu unterbinden. Dabei tritt die Frage auf, ob die Isolierschicht innen oder außen angebracht werden sollte. Es ist zu bedenken, dass die Taupunkttemperatur auf alle Fälle unterschritten werden wird, weil die Wärmedämmung keine der Temperaturen $T_\mathrm{i}$, $T_\mathrm{a}$ und $T_\mathrm{T}$ verändert und $T_\mathrm{T}$ im gewählten Beispiel zwischen $T_\mathrm{i}$ und $T_\mathrm{a}$ liegt.

Die Teilbilder 9.2(b) und 9.2(c) zeigen, dass die Wärmedämmung an der Außenwand angebracht werden sollte: Bei der Wärmedäm-

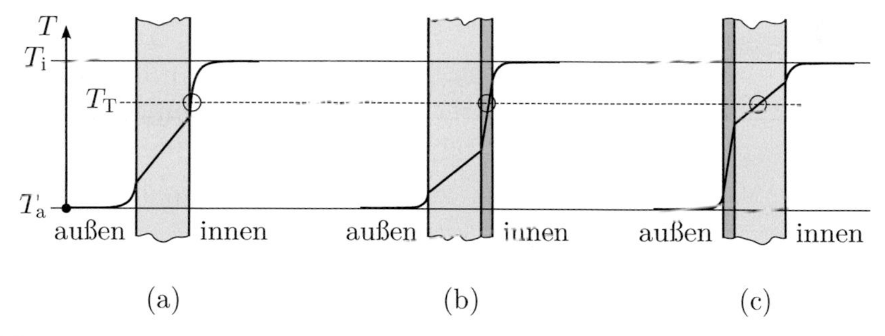


**Bild 9.2:** Temperaturverläufe in Wänden ohne und mit Wärmedämmung; ○: Ort der Taupunktunterschreitung

(a) ohne Wärmedämmung: Unterschreiten der Taupunkttemperatur

an der Wandinnenseite

(b) Wärmedämmung innen: Unterschreiten der Taupunkttemperatur

im Dämmmaterial

(c) Wärmedämmung außen: Unterschreiten der Taupunkttemperatur

in der Wand

mung innen würde die Taupunkttemperatur bereits im Dämmmaterial erreicht. Da eine solche Dämmung nicht wasserdicht zur Wand hin abschließt, könnte zwischen die Wand und die Dämmung Kondenswasser gelangen, was an der Wandoberfläche zu entsprechender Schimmelbildung führen kann. Weil die Wand bei Innen-Dämmung keinen direkten Kontakt zur nicht gesättigten Raumluft besitzt, wird zusätzlich ein Trocknen der Wand erschwert oder ganz unterbunden.

Bild 9.2(c) zeigt, dass die Wärmedämmung außen zum Unterschreiten der Taupunkttemperatur (u. U. tief) im Mauerwerk führt, also auf keinen Fall an der Oberfläche und damit die Schimmelbildung dort nicht mehr stattfindet. Wenn es im Mauerwerk zur Kondensation kommt, so kann die dort auftretende Wasseransammlung nur durch Luft entfernt werden, die ungesättigt ist. Dies geschieht vorzugsweise im Winter, weil dann eine sehr trockene Außenluft vorliegt.

- **Warum entstehen im Badezimmer "Stockflecken" und wo geschieht dies?**

Nutzungsbedingt liegt im Badezimmer eine hohe Luftfeuchte vor. Wenn nun während des Duschens zusätzlich Wasser an der insgesamt großen Flüssigkeitsoberfläche der einzelnen Brausestrahlen verdunstet, nimmt die relative Feuchte der Raumluft weiter zu und kann Werte von nahezu 100 % erreichen. Wenn diese Luft mit den etwas kälteren Wänden und auch mit dem etwas kälteren Badezimmerspiegel in Kontakt kommt, ist dort die Taupunkttemperatur der Badezimmerluft unterschritten und Kondensation tritt auf. An den Wänden entstehen durch die Kondensation feuchte Stellen, die eine Bildung von Stockflecken zur Folge haben können. Hierbei ist der Badezimmer-Spiegel ein guter Indikator für die Ereignisse, die sich auch an den anderen Oberflächen abspielen, dort aber nicht so gut zu beobachten sind. Der Badezimmer-Spiegel beschlägt, wobei eine genaue Beobachtung zwei Fragen aufwirft:

(1) Warum zunächst nur im oberen Bereich?

(2) Warum anfangs sehr schnell, aber dann nicht weiter (es entstehen keine Wassertropfen, die in Bahnen nach unten laufen würden)?

Zur ersten Frage: Wenn sich der Dampf im oberen Bereich bevorzugt ansammelt (und dort dann kondensiert), muss er im Vergleich zu den anderen Komponenten der Luft offensichtlich "leichter" sein. In einem Gasgemisch wie der feuchten Luft nehmen alle Moleküle im Mittel denselben Anteil am Gesamtvolumen ein. Leichtere Moleküle besitzen damit eine kleinere (Partial-) Dichte als schwerere Moleküle und werden sich, wenn sie nicht durch äußere Einflüsse perfekt durchmischt werden, vorzugsweise oberhalb der schwereren Moleküle anordnen. Vergleicht man nun die Molmassen (als Maß für die Masse der einzelnen Moleküle) der Hauptbestandteile der trockenen Luft, Stickstoff $M_{N_2} = 28\,\mathrm{g/mol}$, Sauerstoff $M_{O_2} = 32\,\mathrm{g/mol}$ mit derjenigen von Wasser $M_{H_2O} = 18\,\mathrm{g/mol}$, so zeigt sich Wasser als "Leichtgewicht", das tendenziell im oberen Bereich eines Systems mit feuchter Luft zu finden ist. Dort liegt dann die größte relative Feuchte vor und dort kommt es deshalb als erstes zur Kondensation. Feuchte Wände begünstigen die Bildung von Stockflecken, die deshalb im Badezimmer immer zuerst im Deckenbereich entstehen.

Die zweite Frage war, warum das Beschlagen des Spiegels nicht kontinuierlich zunimmt, d. h. zu immer dickeren Wasserschichten führt, die dann nach unten ablaufen. Die Antwort ist, dass bei der Kondensation stets die *Verdampfungsenthalpie* freigesetzt wird, was zu einer lokalen Temperaturerhöhung führt. Damit erreicht die anfangs hinreichend unterkühlte Oberfläche Temperaturen, die nur noch für eine sehr schwache oder auch für gar keine Kondensation mehr ausreichen.

- **Warum fühlen wir uns nur bei bestimmten Luftfeuchten wohl?**

Im Zusammenhang mit Raumklimatisierungen wird als Richtwert für die Behaglichkeit eine relative Feuchte $\varphi$ von 40 % bis 60 % empfohlen. Bei deutlich geringeren Werten empfinden wir die Atemluft als zu trocken, die Nasenschleimhäute trocknen aus.

Bei deutlich höheren Werten, insbesondere wenn zusätzlich hohe Temperaturen herrschen, geraten wir unangenehm ins Schwitzen. Beide Vorgänge haben mit der Verdunstung von flüssigem Wasser zu tun, die einmal zu stark (Austrocknen der Schleimhäute) und einmal zu schwach (starkes Schwitzen) ist. Solche Verdunstungsvorgänge benötigen einen Unterschied in der Wasserbeladung zwischen dem gesättigten Zustand unmittelbar an der Verdunstungsoberfläche (Schleimhaut, Schweißtropfen) und weiter entfernten Luftbereichen, die nicht gesättigt sind und deshalb zusätzlich Wasserdampf aufnehmen können. Diese treibende Konzentrationsdifferenz entscheidet über die Intensität des Verdunstungsvorganges. Sie ist bei $\varphi \ll 40\,\%$ zu groß, aber bei $\varphi \gg 60\,\%$ zu klein. Der zu kleine Wert beim Schwitzen in einer Umgebung mit $\varphi \gg 60\,\%$ unterbindet mit der reduzierten Verdunstung den Kühleffekt, der damit verbunden ist. Dieser Kühleffekt entsteht, weil für die Verdunstung die Verdampfungsenthalpie aufgebracht werden muss, die der Phasenwechsel flüssig $\rightarrow$ gasförmig erfordert und die wesentlich aus der inneren Energie der beteiligten Körperpartien stammt (die dabei abkühlen). Weitergehende Betrachtungen dazu finden sich im Phänomen Nr. 43 zum allgemeinen menschlichen Wärmehaushalt und im Phänomen Nr. 44 zur Verdunstungskühlung.

- **Warum führt eine kalte Weinflasche zu Wasserflecken auf der Tischdecke?**

Kondensation feuchter Luft findet stets statt, wenn die örtliche Taupunkttemperatur unterschritten wird. Dies kann man auch beobachten, wenn eine Weinflasche aus dem Kühlschrank geholt wird und anschließend auf der Tischdecke Feuchtigkeitsringe hinterlässt. Bei Umgebungsdruck, 20 °C und einer relativen Raumluftfeuchte von 60 % beträgt die Taupunkttemperatur 12 °C, wird also von einer Weinflache, die z. B. mit 6 °C aus dem Kühlschrank genommen wird, deutlich unterschritten.

Dass bei der Weinflasche offensichtlich deutlich größere Wassermengen durch Kondensation entstehen (Tropfenbildung) als dies beim Badezimmerspiegel der Fall ist, hat unmittelbar mit der großen thermischen Speicherfähigkeit der gefüllten Weinflasche zu tun: Die als Verdampfungsenthalpie freigesetzte Energie verteilt sich auf die gesamte Weinflasche und führt damit nicht zu einer so großen Temperaturerhöhung, dass damit die Taupunkttemperatur anschließend an der Oberfläche nicht mehr unterschritten würde.

Der quasi umgekehrte Vorgang ist zu beobachten, wenn eine Spülmaschine nach dem Spülgang geöffnet wird. Häufig lässt man sie zunächst noch eine gewisse Zeit abkühlen, bevor sie ausgeräumt wird. In dieser Zeit verdunsten alle zunächst noch vorhandenen Flüssigkeitströpfchen auf dem Geschirr, den Gläsern und dem Besteck, nicht aber auf Kunststoffteilen, wenn diese ebenfalls mit gespült worden sind. Die für die Verdunstung erforderliche Verdampfungsenthalpie stammt weitgehend aus den jeweiligen Gegenständen, die entsprechend abkühlen. Geschirr, Gläser und Besteck besitzen eine hohe volumetrische Wärmekapazität, haben damit viel thermische Energie gespeichert und können entsprechend große Energiemengen im Zuge der Abkühlung abgeben.

Die Energiemenge, die Kunststoff in dieser Situation abgeben kann, ist wegen der geringen volumetrischen Wärmekapazität aber nicht groß genug, um alle Wassertröpfchen verdunsten zu lassen.

**10** **Das Phänomen:** Heizungssysteme und Heizkörpertemperaturen

Verschiedene Heizungssysteme in Wohnräumen können durchaus dieselbe Energie in den Raum befördern. Dabei kann es lokal aber zu sehr unterschiedlichen Temperaturen kommen. Zusätzlich verhalten sich verschiedene Heizungssysteme bei veränderten Betriebsbedingungen u. U. sehr unterschiedlich. Wenn man auf den im Bild gezeigten Radiator ein Handtuch zum Trocknen legt, reagiert dieser sehr verschieden, je nachdem, ob er elektrisch oder über einen Warmwasser-Kreislauf betrieben wird.

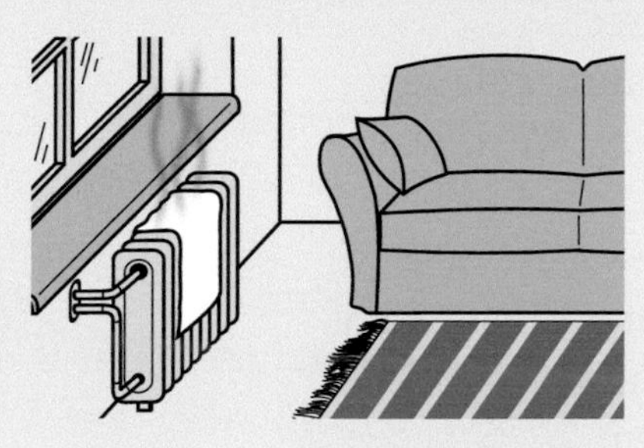

**Bild 10.1:** Radiator, elektrisch oder mit warmem Wasser betrieben – ein Unterschied?

## ...und die Erklärung

Wohnräume müssen aus zwei Gründen beheizt werden:

(1) Von einem kalten Ausgangszustand ausgehend, muss in einem zeitbegrenzten Prozess die gewünschte Wohnraumtemperatur erreicht werden. Dabei gilt es nicht nur, die Luft auf die gewünschte Temperatur zu erwärmen, sondern es nehmen auch alle im Raum befindlichen Gegenstände die neue erhöhte Temperatur an. Zusätzlich wird Energie benötigt, weil die umschließenden Wände ebenfalls eine Temperaturerhöhung erfahren.

(2) Nach Erreichen der gewünschten Wohnraumtemperatur dient das Heizen ausschließlich dazu, die Verluste durch unerwünschte Wärmeströme nach außen zu kompensieren. Eine bessere Wärmedämmung beeinflusst hauptsächlich diesen zweiten Teilpro-

© Springer Fachmedien Wiesbaden GmbH, ein Teil von Springer Nature 2018
H. Herwig, *Ach, so ist das?*, https://doi.org/10.1007/978-3-658-21791-4_10

zess des Heizens und ist von großer Bedeutung, weil damit der "Energieverbrauch" dauerhaft gesenkt werden kann.

Bezüglich des Temperaturverhaltens muss grundsätzlich danach unterschieden werden, ob die Energie als elektrischer Strom in den Raum gelangt und dort "in Wärme verwandelt" wird oder mit einem Warmwasser-Kreislauf in den Raum gelangt. Dass dabei große Unterschiede vorliegen müssen, ist schon daran zu erkennen, dass elektrisch in den Raum gelangte Energie dort vollständig zur Heizung zum Einsatz kommt, egal welche Verhältnisse im Raum herrschen, während die Verhältnisse im Raum bestimmen, wie viel Energie aus einem Warmwasser-Kreislauf zu Heizzwecken genutzt wird. Im Vergleich beider Systeme kommt es zu großen Unterschieden bei den lokalen, am Heizkörper vorliegenden Temperaturen. Prinzipiell gilt bei den beiden Systemen Folgendes:

- **Radiator mit Warmwasser-Kreislauf**

  Der Radiator wird mit heißem Wasser durchströmt, das sich zwischen Ein- und Austritt abkühlt und dabei Energie in Form von Wärme an den Raum abgibt. Der auf diese Weise abgegebene Wärmestrom beträgt $\dot{Q} = \dot{m}\, c_\mathrm{W}\, \Delta T$ mit dem Massenstrom des heißen Wassers $\dot{m}$, seiner spezifischen Wärmekapazität $c_\mathrm{W}$ und $\Delta T$ als Temperaturdifferenz des Wassers zwischen dem Vorlauf (typische Vorlauftemperaturen: 45 °C) und dem Rücklauf (typische Rücklauftemperaturen: 30 °C). Die Wärmeübertragung in den Raum erfolgt dabei durch die beiden Mechanismen des KONVEKTIVEN WÄRMEÜBERGANGS und der WÄRMESTRAHLUNG. Beide sind in ihrer Stärke direkt proportional zur Temperaturdifferenz $T_\mathrm{H} - T_\mathrm{R}$, wobei $T_\mathrm{H}$ die (flächengemittelte) Heizkörpertemperatur und $T_\mathrm{R}$ die Raumtemperatur sind.[1] Dabei kann $T_\mathrm{H}$ maximal die Vorlauftemperatur sein, was den abgegebenen Wärmestrom auf diese Weise begrenzt.

  Wenn nun z. B. ein Handtuch zum Trocknen auf die Heizung gelegt wird (und diese vollständig abdeckt), senkt dies die effektiv

[1] Die Stärke der Wärmestrahlung ist proportional zu $T_\mathrm{H}^4 - T_\mathrm{R}^4$. Dies kann für kleine Temperaturdifferenzen $T_\mathrm{H} - T_\mathrm{R}$ durch $4\,T_\mathrm{R}^3\,(T_\mathrm{H} - T_\mathrm{R})$ angenähert werden, so dass dann auch eine direkte Proportionalität zu $T_\mathrm{H} - T_\mathrm{R}$ vorliegt.

für die Wärmeübertragung zur Verfügung stehende Temperaturdifferenz auf $T_{H'} - T_R$ und der Wärmestrom wird reduziert. Dabei ist $T_{H'}$ die Temperatur an der freien Oberfläche des Handtuchs. Das Handtuch wirkt wie eine thermische Isolierung, was in Bild 10.2 verdeutlicht wird. Für die beiden Wärmeübergangsmechanismen steht jetzt nur noch die Differenz zwischen der Handtuchoberflächentemperatur und der Raumtemperatur zur Verfügung.

Als Grenzfall könnte hier eine vollständige thermische Isolierung auftreten, bei der der Wärmestrom zum Erliegen käme ($\dot{Q} = 0$, adiabat). Die Rücklauftemperatur würde dann gegenüber der Vorlauftemperatur unverändert sein.

- **Radiator mit elektrischer Beheizung**

  Eine ganz andere Situation tritt auf, wenn der Radiator elektrisch betrieben wird. Dann dissipiert eine bestimmte voreingestellte elektrische Leistung im Radiator (an entsprechenden elektrischen Widerständen) und wird als Wärmestrom an die Oberfläche des Radiators geleitet. Die Abgabe der Energie an den Raum erfolgt wieder durch eine Kombination aus KONVEKTIVEM WÄRMEÜBERGANG und WÄRMESTRAHLUNG. Anders als zuvor ist aber

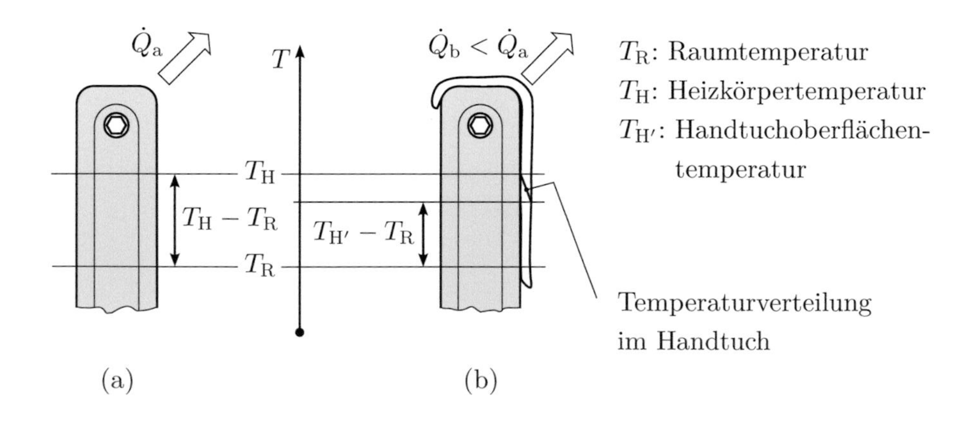


**Bild 10.2:** Mit warmem Wasser betriebener Radiator
(a) freier Radiator
(b) Radiator, abgedeckt durch ein Handtuch

nicht die Temperaturdifferenz zur Umgebung vorgegeben und der abgegebene Wärmestrom stellt sich entsprechend ein, sondern der Wärmestrom ist vorgegeben und die Temperaturdifferenz stellt sich danach ein. Die Heizkörpertemperatur steigt gemäß Bild 10.3 auf den erhöhten Wert $T_{\mathrm{H2}}$, wenn ein Handtuch auf den Heizkörper gelegt wird. Diese Temperatur wird gerade so hoch, dass an der Handtuchoberfläche wieder die ursprüngliche Temperatur $T_{\mathrm{H2'}} = T_{\mathrm{H1}}$ herrscht und damit ein unveränderter Wärmestrom in den Raum abgegeben wird.

Bei dieser Beschreibung ist aber zu beachten, dass damit zwar die prinzipiellen Verhältnisse benannt sind, viele Details aber unberücksichtigt bleiben. So wird z. B. nicht berücksichtigt, dass mit dem Handtuch nur ein Teil des Radiators abgedeckt wird, dass der elektrische Widerstand des Heizkörpers mit der Temperatur veränderlich ist und dass die Handtuchoberfläche andere Strahlungseigenschaften besitzt als der Radiator.

Als Grenzfall würde eine vollständige thermische Isolierung dazu führen, dass die Radiatortemperatur unbegrenzt ansteigt (und der Radiator schließlich zerstört wird).

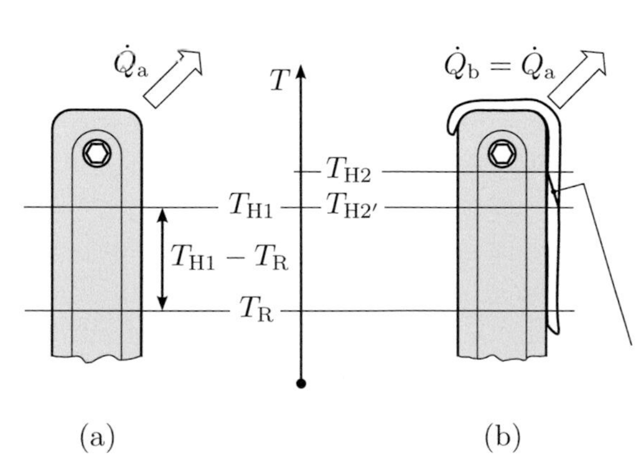


**Bild 10.3:** Elektrisch betriebener Radiator
(a) freier Radiator
(b) Radiator, abgedeckt durch ein Handtuch

Die deutlichen Unterschiede im Betriebsverhalten der beiden Systeme gelten gleichermaßen auch für Fußbodenheizungen, die entweder mit einem Warmwasser-Kreislauf oder elektrisch betrieben werden. Hier kann es deshalb kritisch werden, wenn eine bestehende Situation z. B. durch einen großflächigen dicken Teppich verändert wird. Im Fall der Warmwasserheizung wird die Heizleistung bei gleichbleibender Vorlauftemperatur reduziert. Im Falle der elektrischen Fußbodenheizung erhöht sich die Fußbodentemperatur (unter dem Teppich). Es gilt dann also zu prüfen, ob im ersten Fall die Vorlauftemperatur heraufgesetzt werden kann und im zweiten Fall, ob die Fußbodentemperaturen bereits kritische Werte angenommen haben.

Im Zusammenhang mit den zwei Phasen des Heizens (Erreichen der Raumtemperatur und anschließende Kompensation von Verlusten) entsteht oft die Frage, wie energieintensiv das Lüften ist, also ein schneller Austausch der gesamten Raumluft gegen kalte Luft, die dann wieder auf Raumtemperatur gebracht werden muss. Dazu kann folgende Abschätzung vorgenommen werden.

In der Aufheizphase muss die Raumluft, aber auch der Raum im Sinne der angrenzenden Wände und aller Einrichtungsgegenstände auf die Raumtemperatur gebracht werden. Betrachtet man zunächst nur die Raumluft und die Wände, gilt Folgendes für einen typischen Raum mit einer Grundfläche von $(4 \times 5)\,\mathrm{m}^2$, einer Höhe von 2,5 m und Wänden mit 12,5 cm Wandstärke. Die Wandstärke würde für Außenwände größer sein, es handelt sich aber auch nur um Größenordnungsabschätzungen, so dass hier auch der Boden und die Decke wie die Wände behandelt werden. Insgesamt liegt also ein quaderförmiger Raum $(4 \times 5 \times 2{,}5)\,\mathrm{m}^3$ vor, dessen Wände am Ende der Aufheizphase eine lineare Temperaturänderung zwischen innen und außen mit $T_\mathrm{i} - T_\mathrm{a}$ als der Differenz zwischen innen und außen aufweisen. Die Wände müssen also im Mittel um $(T_\mathrm{i} - T_\mathrm{a})/2$ erwärmt werden. Das Volumen des Raumes beträgt $50\,\mathrm{m}^3$. Das Volumen der Wände ergibt sich als Differenz des Volumens eines in alle Richtungen um die Wandstärke vergrößerten Quaders und dem Innenraum von $50\,\mathrm{m}^3$. Mit $(4{,}25 \times 5{,}25 \times 2{,}75)\,\mathrm{m}^3 = 61{,}4\,\mathrm{m}^3$ für den äußeren Quader ergibt sich damit als Volumen aller Wände (einschließlich Boden und Decke) ein Wert von $11{,}4\,\mathrm{m}^3$.

Für die gespeicherte Energie gilt allgemein

$$\Delta U = \varrho V c \Delta T \tag{10.1}$$

im Sinne einer Erhöhung der INNEREN ENERGIE $U$. Tabelle 10.1 zeigt die Auswertung für die Raumluft und die Wände, wenn bei einer Außentemperatur von 0 °C der Raum auf 20 °C erwärmt werden soll, d. h. es gilt $T_\mathrm{i} - T_\mathrm{a} = 20\,°\mathrm{C}$. In dem gewählten Beispiel ist also in den Wänden etwa 170-mal soviel zusätzliche thermische Energie gespeichert wie in der Raumluft. Dies sollte bedacht werden, wenn es um die richtige "Lüftungsstrategie" geht. Ein schneller Austausch der Luft gegen kalte Außenluft erfordert anschließend nur eine vergleichsweise geringe Energiemenge, um die frische Luft wieder auf die gewünschte Raumtemperatur zu erwärmen. Ein zu langes Lüften kühlt aber auch die Wände und die Gegenstände im Raum ab und führt damit anschließend zu einem erhöhten Energiebedarf für die Heizung.

**Tabelle 10.1:** Bestimmung der gespeicherten Energien (beachte: die Wände werden im Mittel nur um $(T_\mathrm{i} - T_\mathrm{a})/2$ erwärmt)

| | $\frac{\varrho}{\mathrm{kg/m^3}}$ | $\frac{V}{\mathrm{m^3}}$ | $\frac{c}{\mathrm{kJ/kg\,K}}$ | $\frac{\Delta T}{°\mathrm{C}}$ | $\frac{\Delta U}{\mathrm{kJ}}$ |
|---|---|---|---|---|---|
| Raumluft | 1,2 | 50 | 1 | 20 | 1200 |
| Wände | 2000 | 11,4 | 0,9 | 10 | 205 200 |

**Das Phänomen:** Zugerscheinungen in der Wohnung bei offenem, aber auch bei geschlossenem Fenster

Häufig treten in der Wohnung Situationen auf, die mit "es zieht" beschrieben sind: Bei offenen Fenstern oder Türen ist die Ursache offensichtlich, aber auch wenn beides nicht der Fall ist, kann man gelegentlich bzw. in bestimmten Situationen unbehaglichen Zugerscheinungen ausgesetzt sein, "obwohl" alle Fenster und Türen geschlossen sind.

**Bild 11.1:** Eine von vielen Alltagssituationen

## ...und die Erklärung

Strömungen in der Wohnung können aufgrund von Temperaturunterschieden entstehen oder, weil zwischen zwei Orten Druckunterschiede vorhanden sind. In beiden Fällen führen schon niedrige Geschwindigkeiten von deutlich unter 1 m/s zu unangenehmen Zugerscheinungen. Durch die Umströmung des Körpers wird der KONVEKTIVE WÄRMEÜBERGANG erhöht, was wir als Herabsetzung der Temperatur interpretieren (s. dazu das Phänomen Nr. 42 zur sog. gefühlten Temperatur). Gegenmaßnahmen bestehen darin, die Ursachen für die Strömung zu beseitigen oder sich wärmer anzuziehen. Die Beseitigung der Ursachen kann sehr einfach sein, wenn es darum geht, ein Fenster oder eine Tür zu schließen. Schwieriger ist es dagegen, Zugerscheinungen aufgrund einer offenen Bauweise oder solche in der Nähe großer Fensterfronten zu beseitigen.

© Springer Fachmedien Wiesbaden GmbH, ein Teil von Springer Nature 2018
H. Herwig, *Ach, so ist das?*, https://doi.org/10.1007/978-3-658-21791-4_11

- **Zugerscheinungen bei offenen Fenstern und Türen**

  Bild 11.2 zeigt die großräumige Umströmung eines freistehenden Raumes mit dem qualitativen Verlauf von Stromlinien, die diese Strömung charakterisieren. Auf der angeströmten Stirnfläche entsteht ein Staubereich mit tendenziell erhöhtem Druck ($\oplus\oplus\oplus$), auf der Rückseite kommt es zu einem großräumigen Ablösegebiet mit tendenziell niedrigem Druck ($\ominus\ominus\ominus$). Wenn nun, wie in diesem Fall, Fenster und Türen offenstehen und ein Druckunterschied (wie in Bild 11.2 skizziert) herrscht, wird eine Strömung durch den Raum hindurch in Gang gesetzt.

  Die offenen Fenster- und Türbereiche stellen für die Durchströmung Verengungen dar, in denen die Stromlinien dichter verlaufen als im Raum selbst. Dies bedeutet eine erhöhte Geschwindigkeit in diesen Bereichen, die mit einem niedrigeren Druck einhergeht. Damit entstehen am Fenster und an der Tür Druckverteilungen, die in beiden Fällen dazu führen, dass das Fenster bzw. die Tür zuschlagen, "obwohl" die Strömungsrichtung einmal von außen nach

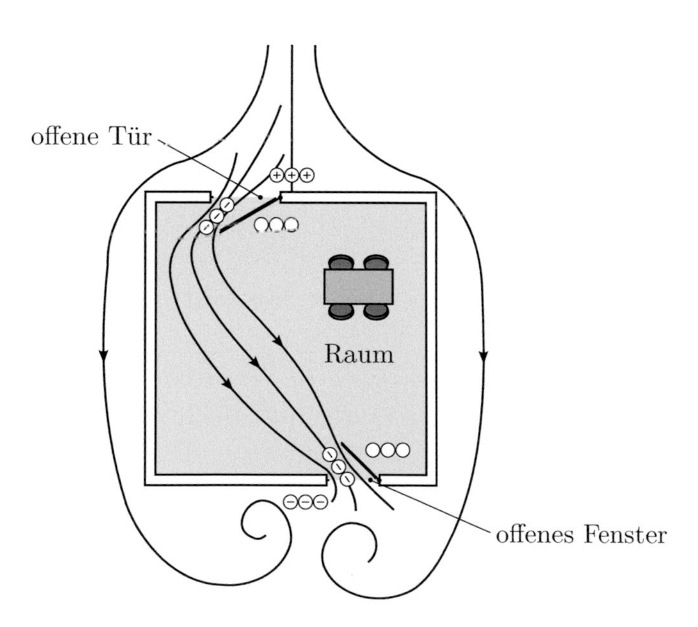


**Bild 11.2:** Großräumige Umströmung eines Raumes (Draufsicht) und Durchströmung bei offenem Fenster und offener Tür

$\circ\circ\circ$ Normaldruck, $\oplus\oplus\oplus$ höherer Druck, $\ominus\ominus\ominus$ niedrigerer Druck

innen und einmal von innen nach außen weist. Das heißt: Fenster und Türen schlagen in solchen Situationen stets zu und werden nicht vom Wind aufgedrückt, egal wie die Strömungsrichtung ist.

Sofern allerdings die Tür nicht ins Schloss fällt, wird sie aus dem nahezu geschlossenen Zustand durch den relativ hohen Druck auf der Außenseite wieder ein Stück geöffnet und der beschriebene Vorgang des "Zuschlagens" beginnt von neuem.

- **Zugerscheinungen an großen Fensterfronten**

  Doppel- oder Dreifachverglasungen stellen große Wärmewiderstände für einen Wärmestrom zwischen dem Raum und der Umgebung dar, der aufgrund einer Temperaturdifferenz $T_\mathrm{i} - T_\mathrm{a}$ als Verlustwärmestrom $\dot{Q}$ entsteht. Bild 11.3 zeigt, dass dieser sog. Wärmedurchgang aus drei Teilen besteht: dem konvektiven Wärmeübergang innen (NATÜRLICHE KONVEKTION aufgrund der Temperaturdifferenz $T_\mathrm{i} - T_\mathrm{Wi}$), der WÄRMELEITUNG durch die Verglasung (aufgrund der Temperaturdifferenz $T_\mathrm{Wi} - T_\mathrm{Wa}$) und dem konvektiven Wärmeübergang außen (aufgrund der Temperaturdifferenz $T_\mathrm{Wa} - T_\mathrm{a}$).

  Für die Zugerscheinungen im Raum ist der erste Teil entscheidend, der konvektive Wärmeübergang innen. In erster Näherung bildet sich dabei eine Wandgrenzschicht aus, wie in Bild 11.3 skizziert. Es handelt sich dabei um eine Strömung entlang der Glasfläche mit der skizzierten Geschwindigkeitsverteilung. In Bodennähe wird diese Strömung in den Raum umgelenkt und führt dann zu entsprechend großräumigen Konvektionsbewegungen im Raum. Dies ist ein ähnlicher Vorgang wie er bei der aufsteigenden warmen Luft über einem Radiator in Wandnähe entsteht. Im Falle der Fensterfront wird aber kalte Luft nach unten in Bewegung gesetzt und bis zum Nutzer des Raumes geführt.

  Bild 11.3 zeigt, dass eine bessere Wärmedämmung durch eine Mehrfachverglasung die Temperaturdifferenz $T_\mathrm{i} - T_\mathrm{Wi}$ herabsetzt und damit nur schwächere Konvektionsbewegungen entstehen.

  Gleichzeitig ist zu beachten, dass kalte Flächen stets als unangenehm empfunden werden, weil die (Netto-) Wärmestrahlung in deren Richtung besonders hoch ist.

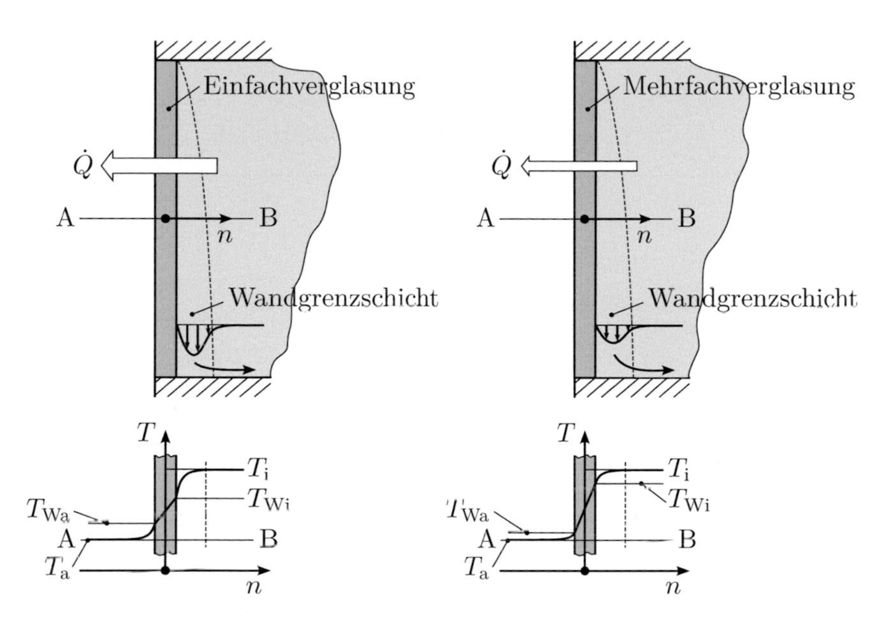


**Bild 11.3:** Prinzipielle Temperaturverläufe bei Einfach- und Mehrfachverglasungen sowie die daraus resultierenden Strömungen entlang der Verglasung (und dem Boden)

A-B: Ebene, für die der Temperaturverlauf skizziert ist

**12** **Das Phänomen:** Der "verzweifelte" Versuch, einen Raum mit Hilfe eines Lüfters oder des Kühlschranks zu kühlen

An heißen Sommertagen ist jede Methode willkommen, mit der man die Temperatur im Raum absenken kann. Mit der Erfahrung, dass ein Lüfter Kühlung verschafft und dass der Innenraum des Kühlschrankes ja schließlich auf niedrigen Temperaturen gehalten wird, müsste es doch möglich sein, einen Raum z. B. über Nacht zu kühlen, in dem man einen Lüfter laufen oder die Kühlschranktür geöffnet lässt (oder beides ...).

**Bild 12.1:** Raumkühlung durch einen geöffneten Kühlschrank?

## ...und die Erklärung

Bei diesem Phänomen sind zwei sehr verschiedene Methoden angedacht, die zu einer Kühlung des Raumes dienen sollen und die deshalb getrennt behandelt werden:

- **Lüfterkühlung**: Die Tatsache, dass ein Luftstrom als angenehm kühl empfunden wird, kann bei einem einfachen Lüfter nicht damit zusammenhängen, dass dieser die Lufttemperatur herabsetzt, weil dafür keinerlei technische Vorrichtungen vorhanden sind. Der Lüfter besteht aus rotierenden Flügeln, mit denen Luft in Bewegung gesetzt wird; die Lufttemperatur wird dabei aber keineswegs herabgesetzt.

  Wenn wir in einem solchen Luftstrom einen Kühleffekt verspüren, so muss dies auf die Vorgänge in der Nähe unserer Haut zurückzuführen sein und als Ursache die Luftbewegung haben. Tatsächlich geht es um den sog. lokalen Wärmeübergang zwischen der Haut und der Umgebungsluft. Dieser ist umso intensiver, je größer die

© Springer Fachmedien Wiesbaden GmbH, ein Teil von Springer Nature 2018
H. Herwig, *Ach, so ist das?*, https://doi.org/10.1007/978-3-658-21791-4_12

Temperaturdifferenz zwischen der Haut und der Umgebungsluft ist. Er wird aber auch durch eine Anströmung der Haut gesteigert, weil dann die hautnahe, bereits erwärmte Luft durch kältere Luft ersetzt wird.

Dieser Kühleffekt ist also ein strömungsmechanischer Effekt, der sich an unserem Körper abspielt und nicht etwa dadurch bedingt, dass die Temperatur der uns umgebenden Luft herabgesetzt wird. In diesem Zusammenhang spricht man von der gefühlten Temperatur, die als solche klar definiert werden kann. (s. dazu auch die Erläuterungen in Phänomen Nr. 42 zu dieser gefühlten Temperatur).

Der Versuch, einen Raum zu kühlen, indem man über Nacht den Lüfter betreibt, ist damit zum Scheitern verurteilt. Im Gegenteil werden die Luft und damit letztlich der Raum aufgeheizt, weil die gesamte Energie, mit der der Lüfter betrieben wird, zusätzlich in den Raum gelangt und dessen sog. innere Energie und damit die Temperatur erhöht.

- **Kühlschrank-Kühlung**: Eine verlockende Idee: Da der Kühlschrank-Innenraum aktiv auf eine niedrige Temperatur weit unter der Raumtemperatur gekühlt wird, müsste man doch bei offener Kühlschranktür den Raum zumindest etwas kühlen können, weil sich die relativ geringe aber kalte Luftmenge dann stets mit der größeren und warmen Raumluft vermischt. Über Nacht müsste sich auf diese Weise ein spürbarer Kühleffekt erzielen lassen. Dies ist aber leider ein Irrtum, weil dabei nicht der gesamte Kühlschrank betrachtet worden ist.

  Sein Funktionsprinzip beruht darauf, dass ein bestimmter Wärmestrom dem Kühlschrank-Innenraum entzogen wird, dieser aber vom Kühlschrank auf einem erhöhten Temperaturniveau an die Umgebung wieder abgegeben wird. Da nun der Kühlschrank als Ganzes im Raum steht, erfolgt die Wärmeabgabe (auf der Rückseite des Kühlschranks) wieder in den Raum. Insgesamt liegt damit auch hier kein Kühleffekt in Bezug auf den gesamten Raum vor - allenfalls kann ein kleiner Bereich in der Nähe des Kühlschrank-Innenraumes lokal auf einer (im Vergleich zum restlichen Raum) etwas niedrigeren Temperatur gehalten werden.

Auch der Betrieb eines Kühlschranks erfordert Energie, die letztlich im Raum verbleibt und damit dessen mittlere Temperatur ansteigen lässt.

**13** **Das Phänomen:** Firmen werben damit, dass ihre Heizkessel für Warmwasserheizungen Wirkungsgrade von 106 % besitzen - kann das sein?

Wirkungsgrade werden ganz allgemein als Verhältnis von "Nutzen" zu "Aufwand" definiert. Wenn nun davon auszugehen ist, dass die Heizkesselfirmen seriös sind (der Zahlenwert 106 % wird schon stimmen), aber auch wie jeder von uns den Vorgaben des Ersten Hauptsatzes der Thermodynamik zur Energieerhaltung unterliegen, so muss es eine rationale Erklärung für den unerwartet großen Zahlenwert geben. Der Schlüssel zu dieser Erklärung muss wohl sein, was hier "Nutzen" und was "Aufwand" ist.

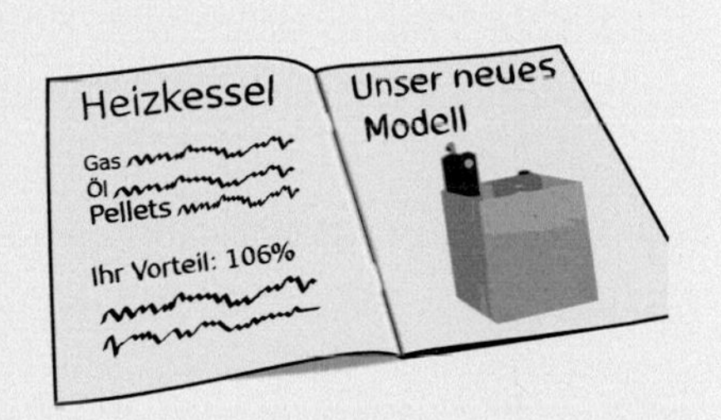


**Bild 13.1:** Ausschnitt aus einer Werbung für Heizkessel

# ...und die Erklärung

Heizkessel sind prinzipiell Apparate, in denen Brennstoffe (Gas, Öl, Pellets, ...) mit Sauerstoff chemisch reagieren (verbrennen) und dabei heiße Abgase bilden. Es findet also ein Energietransfer von der in den Brennstoffen *chemisch* gespeicherten INNEREN ENERGIE zu der anschließend in den Abgasen (auch: Rauchgasen) *thermisch* gespeicherten inneren Energie statt. Diese thermische Energie kann dann auf das Wasser übertragen werden, das in einer Warmwasserheizung durch die einzelnen Heizkörper oder die Heizschlangen einer Fußbodenheizung strömt. Dort wiederum wird thermische Energie an die Räume abgegeben, so dass diese "beheizt" werden. Im Zuge des Gesamtprozesses findet also ein mehrfacher Energietransfer statt:

© Springer Fachmedien Wiesbaden GmbH, ein Teil von Springer Nature 2018
H. Herwig, *Ach, so ist das?*, https://doi.org/10.1007/978-3-658-21791-4_13

(1) Umwandlung chemischer in thermische Energie durch den Verbrennungsprozess; Speicherung der thermischen Energie in den heißen Abgasen.

(2) Übertragung der thermischen Energie der Abgase auf das umlaufende Warmwasser der Heizungsanlage; Speicherung der thermischen Energie im Warmwasser.

(3) Übertragung der thermischen Energie des Warmwassers auf die nähere Umgebung der Heizkörper; Speicherung der thermischen Energie in den einzelnen Räumen.

Als vierter Energietransfer könnte die Übertragung der thermischen Energie der Räume an die Umgebung hinzugenommen werden, was zeigt, dass letztendlich ein globaler Energietransfer von der chemischen Energie der Brennstoffe zur inneren Energie der Umgebung stattfindet. Wir profitieren davon, dass es auf dem Weg dieses Energietransfers zumindest an einigen Stellen "angenehm warm" ist.

Das zentrale Element dieser Energietransfer-Kette ist der Heizkessel, in dem die ersten beiden zuvor beschriebenen Teilprozesse ablaufen: Die Verbrennung und Übertragung thermischer Energie auf das Warmwasser. Hierbei ist es nun entscheidend, wie die in den Abgasen "zwischengespeicherte" Energie genutzt werden kann. Prinzipiell handelt es sich um einen WÄRMEÜBERGANG zwischen einem (heißen) Gas und einer (kalten) Flüssigkeit. Dieser ist möglich, solange die Gastemperatur über derjenigen der Flüssigkeit (hier: des Warmwassers) liegt. Da eine Warmwasserheizung stets eine bestimmte Rücklauftemperatur des umlaufenden Warmwassers besitzt, kann das Abgas also zunächst höchstens bis auf diese Rücklauftemperatur abgekühlt werden. Die dann noch verbleibende thermische Energie (aus der Verbrennung) würde mit den Abgasen an die Umgebung abgegeben und bliebe ungenutzt. Um eine bessere Energienutzung zu erreichen, werden die Abgase vor dem Austritt in die Umgebung oftmals noch dafür genutzt, die zur Verbrennung erforderliche Luft vorzuheizen. Damit können dann Abgastemperaturen auftreten, die unterhalb der Rücklauftemperatur der Heizungsanlage liegen, was für die nachfolgenden Überlegungen von Bedeutung ist.

Bei dem bisher beschriebenen Vorgang spielt eine Abgaskomponente eine besondere Rolle: der Wasserdampf im Abgas. Er kann auf unterschiedlichem Weg in das Abgas gelangen, und zwar

- als Teilprodukt der chemischen Reaktion; immer dann, wenn der Brennstoff Wasserstoffverbindungen enthält, entsteht durch eine Oxidationsreaktion Wasserdampf,
- als Komponente der (feuchten) Luft, die zur Verbrennung eingesetzt wird,
- als Produktfeuchte der Brennstoffe (z. B. mit nicht völlig getrockneten Pellets).

Ausgehend von hohen Abgastemperaturen überträgt der gasförmige Wasserdampf bei der Abkühlung zunächst seine gespeicherte thermische Energie wie alle anderen Komponenten des Abgases auf das Wasser, das sich dabei erwärmt. Deutlich unterhalb von 100 °C, bei Werten, die von der Menge des Wasserdampfes im Abgas abhängig sind, erreicht der Wasserdampf aber seine sog. TAUPUNKTTEMPERATUR und es bildet sich Kondensat (flüssiges Wasser). Entscheidend ist nun, dass bei diesem Kondensationsvorgang Energie freigesetzt wird und für die Energieübertragung an das Warmwasser genutzt werden kann. Man spricht in diesem Zusammenhang von *latent*[1] gespeicherter Phasenwechselenergie, der sog. VERDAMPFUNGSENTHALPIE. Wasser besitzt sehr hohe Werte dieser Verdampfungsenthalpie, so dass mit der Kondensation ein deutlicher zusätzlicher Wärmeübertragungseffekt auftritt, auch wenn nur relativ geringe Wasserdampfmengen kondensieren.

Moderne Heizkessel nutzen genau diesen Effekt aus: Das Abgas wird sehr stark abgekühlt, was nicht nur eine gute Nutzung der sensibel gespeicherten thermischen Energie zur Folge hat, sondern auch dazu führt, dass die Verdampfungsenthalpie der Wasserkomponente (teilweise) zusätzlich genutzt werden kann. Solche Heizkessel werden *Brennwertkessel* genannt. Dieser Name geht auf die Definition des sog. *Brennwertes* eines Brennstoffs zurück. Dies ist einer von zwei verschiedenen Kennwerten, mit denen Brennstoffe charakterisiert werden können:

[1]Die im Zuge eines Phasenwechsels gespeicherte Energie wird als *latent* gespeicherte Energie bezeichnet. Die einphasig, über eine entsprechende Temperaturerhöhung gespeicherte Energie wird *sensibel* gespeicherte Energie genannt.

(1) Heizwert: Angabe der thermischen Energie, die nach der Verbrennung zur Verfügung steht, wenn die Abgase komplett gasförmig sind und bis hin zu einer Referenztemperatur abgekühlt werden.

(2) Brennwert: Heizwert plus die Verdampfungsenthalpie unter der Annahme, dass der gesamte Wasserdampf im Abgas kondensiert.

Bevor die Brennwertkessel aufkamen, hat man eine Kondensation des Wasserdampfes unbedingt vermeiden wollen, weil das flüssige Kondensat sauer ist und die Kesselmaterialien und Kaminrohre nicht korrosionsfest genug waren. Dies wurde durch entsprechend hohe Abgastemperaturen erreicht. Für diese Kessel ist der Heizwert dann die maßgebliche Bezugsgröße und Wirkungsgrade können theoretisch 100 % erreichen.

Mit der Brennwerttechnik steht aber mehr als der Heizwert des Brennstoffes für die Wärmeübertragung in das Warmwasser zur Verfügung, so dass Wirkungsgrade, die weiterhin mit dem Heizwert gebildet werden, jetzt Werte über 100 % erreichen können. Die Beibehaltung des Heizwertes als Bezugsgröße ist besonders unter Vermarktungs-Gesichtspunkten attraktiv.

Firmen, die mit Wirkungsgraden von 106 % werben, können also durchaus seriös sein - wenn sie Brennwertkessel anbieten.

**14** **Das Phänomen:** Gartenbewässerung und wie man entfernte Stellen im Beet erreicht

Wenn im Sommer die Gartenpflanzen mit einem Schlauch bewässert werden sollen, kann das Problem auftreten, dass weiter entfernte Pflanzen nicht mehr von dem Wasserstrahl erreicht werden. Eine Lösung wäre natürlich ein längerer Schlauch, aber die Erfahrung des Gartenbesitzers führt noch zu einer anderen Lösung: Wenn das Schlauchende mit den Fingern zusammengedrückt wird, reicht der Wasserstrahl deutlich weiter und das Problem kann auf diese Weise gelöst werden.

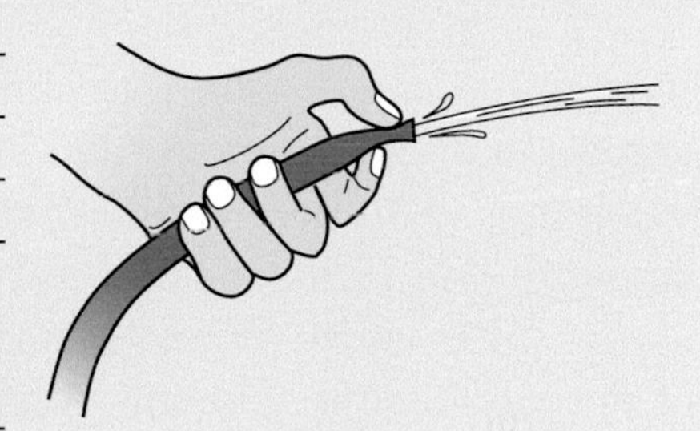

**Bild 14.1:** Bewässerung entfernter Pflanzen

## ...und die Erklärung

Der am Schlauchende austretende Wasserstrahl ist aus strömungsmechanischer Sicht durch drei Größen charakterisiert: den Massenstrom (bzw. Volumenstrom), die dabei auftretende Geschwindigkeit und den Druck. Diese und alle nachfolgend verwendeten Größen sind in Tabelle 14.1 enthalten.

Der Druck im Wasserstrahl unmittelbar nach dem Austritt aus dem Schlauchende spielt für die weiteren Überlegungen keine Rolle. Es handelt sich stets um den Umgebungsdruck, der dem Wasserstrahl aufgeprägt ist. Es verbleiben also der Massenstrom $\dot{m}$, d. h. die pro Zeit geförderte Wassermasse und die dabei auftretende Geschwindigkeit $u$. Anstelle des Massenstroms kann hier der Volumenstrom $\dot{V} = \dot{m}/\varrho$ betrachtet werden, da die Dichte $\varrho$ von Wasser in guter Näherung als konstanter, unveränderlicher Wert angesehen werden kann. Für diesen

© Springer Fachmedien Wiesbaden GmbH, ein Teil von Springer Nature 2018
H. Herwig, *Ach, so ist das?*, https://doi.org/10.1007/978-3-658-21791-4_14

Volumenstrom am Schlauchende gilt nun mit der Geschwindigkeit $u$ und dem Ausströmquerschnitt $A$

$$\dot{V} = u\,A \tag{14.1}$$

Was bestimmt nun die "Wurfweite" des Strahls, also die Entfernung, die gerade noch erzielt werden kann? Dafür ergibt sich eine einfache Beziehung, wenn unterstellt wird, dass sich die einzelnen Wasserstrahlelemente wie Punktmassen auf einer Wurfbahn bewegen. Diese ist anfangs unter einem Winkel $\alpha$ angestellt und endet auf derselben Höhe, auf der sie beginnt. Für die "Wurfweite" $W$ gilt dann:

$$W = u^2 \, \frac{\sin(2\,\alpha)}{g} \tag{14.2}$$

wobei $g$ die Erdbeschleunigung ist.

Gleichung (14.2) zeigt, dass der optimale Winkel $\alpha = 45°$ ist (damit gilt dann $\sin(2\,\alpha) = 1$) und dass $W$ umso größer wird, je größer die Austrittsgeschwindigkeit $u$ ist - ein sicherlich nicht überraschendes

**Tabelle 14.1:** Beteiligte physikalische Größen

| Symbol | Einheit | Bedeutung |
|---|---|---|
| $\dot{m}$ | kg/s | Massenstrom |
| $\dot{V}$ | $m^3/s$ | Volumenstrom |
| $u$ | m/s | Geschwindigkeit am Strahlaustritt |
| $u_v$ | m/s | Geschwindigkeit im Ventil |
| $\varrho$ | $kg/m^3$ | Dichte |
| $A$ | $m^2$ | Austrittsquerschnitt |
| $A_v$ | $m^2$ | Querschnitt im Ventil |
| $W$ | m | "Wurfweite" |
| $g$ | $m/s^2$ | Erdbeschleunigung |
| $\alpha$ | - | Strahlwinkel |
| $H$ | m | Höhe des Wasserspiegels |
| $t$ | s | Zeit |

Ergebnis. Dass aber eine quadratische Abhängigkeit vorliegt, war wohl nicht von vornherein klar.

Zurück zu Gl. (14.1): Ein Zusammendrücken des Schlauchendes verringert die Querschnittsfläche $A$, es ist aber nicht klar, ob damit die Geschwindigkeit $u$ vergrößert wird, da zunächst nicht bekannt ist, wie sich der Volumenstrom verhält. Die Annahme, dass er konstant bleibt, kann nicht sinnvoll sein, da er bei vollständigem Zudrücken schließlich auf null absinken muss!

Offensichtlich ist für die Antwort auf diese Frage wichtig, was vor dem Schlauchende geschieht. Das einfachste Modell dafür ist in Bild 14.2(a) gezeigt: Die Wasserversorgung erfolgt aus einem Wasserturm, dessen Wasserspiegel um $H$ über dem Schlauchende liegt. Zur Vereinfachung werden Strömungsverluste zunächst nicht berücksichtigt. Eine einfache Überlegung ergibt, dass die potenzielle Energie $g\,H$ am Austritt in kinetische Energie $u^2/2$ umgesetzt wird. Beide Energien sind jeweils auf die Masse bezogen. Setzt man beides gleich folgt

$$u = \sqrt{2\,g\,H} \qquad \text{(verlustfrei)} \tag{14.3}$$

Damit ist die Geschwindigkeit nur von der Höhe $H$, aber nicht von der Querschnittsfläche $A$ abhängig. Verkleinert man die Querschnittsfläche reduziert sich der Volumenstrom, s. Gl. (14.1), die "Wurfweite" bleibt aber unverändert, s. Gl. (14.2).

Die Realität ist eine andere, es muss also die Modellvorstellung aus Bild 14.2(a) ungeeignet sein, die wirklichen Verhältnisse zu erklären. In solchen Situationen muss man das Erklärungsmodell verfeinern. Eine entscheidende Vereinfachung war die Vernachlässigung der Strömungsverluste. Diese sind in Bild 14.2(b) jetzt pauschal durch einen Strömungswiderstand (Ventil) in der Leitung berücksichtigt, der durch einen Verlustbeiwert $\zeta$ gekennzeichnet ist. Dieser beschreibt als $\zeta\,u_\text{v}^2/2$ den Verlust an kinetischer Energie (pro Masse). Hierbei ist $u_\text{v}$ die Strömungsgeschwindigkeit im Ventil mit der Querschnittsfläche $A_\text{v}$. Aus Kontinuitätsgründen strömt immer der gleiche Volumenstrom durch das Widerstandselement und die Austrittsöffnung, d. h. es gilt $\dot{V} = u_\text{v}\,A_\text{v} = u\,A$. Wenn nun die Austrittsöffnung $A$ durch das Zusammendrücken des Schlauchendes verkleinert wird, reduziert sich der Volumenstrom. Damit wird (bei gleichbleibendem Ventilquerschnitt $A_\text{v}$)

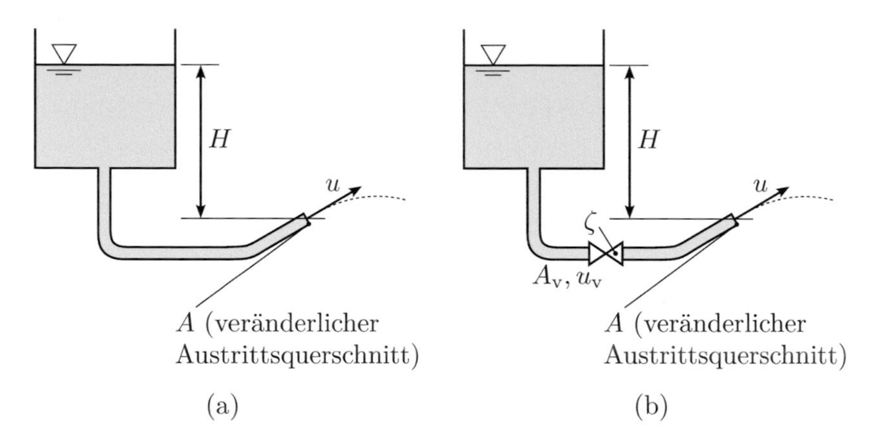


**Bild 14.2:** Modellvorstellungen für die Bewässerung mit einem Gartenschlauch
(a) verlustfrei
(b) mit Strömungsverlusten im Ventil

auch die Geschwindigkeit $u_\mathrm{v}$ im Ventil reduziert. Als Folge davon verringern sich aber auch die Verluste $\zeta\, u_\mathrm{v}^2/2$ im Ventil (stellvertretend für alle Verluste vor dem Schlauchende). Geringere Verluste bedeuten, dass ein größerer Anteil der potenziellen Energie in kinetische Energie $u^2/2$ umgesetzt werden kann und somit die Geschwindigkeit $u$ am Schlauchaustritt entsprechend ansteigt. Dies bedeutet: Je stärker man zudrückt, umso mehr nähert sich die Wurfweite ihrem Maximalwert $u = \sqrt{2\,g\,H}$ an, umso kleiner wird aber auch der Volumenstrom gemäß Gl. (14.1). Der “grüne Daumen” des Gärtners findet hier sicherlich den richtigen Austrittsquerschnitt.

15

**Das Phänomen:** Eine Balkonpflanzenbewässerung versagt - was tun?

Gartencenter vertreiben Balkonkasten-Bewässerungssysteme namhafter Firmen mit dem Versprechen absoluter Zuverlässigkeit. Ein Problem gibt es jedoch, wenn man in der Installation von der ursprünglich vorgesehenen Art abweicht und nicht nur die Balkonkästen an der Brüstung, sondern auch einige Kübel, die auf dem Boden stehen, damit bewässern möchte. Dann erlebt man eine unangenehme Überraschung: Der Vorratsbehälter ist in kürzester Zeit weitgehend entleert und die Kübelpflanzen entsprechend "ertränkt".

**Bild 15.1:** Balkonkasten-Bewässerung aus einem Vorratsbehälter - ein Problem!

## ...und die Erklärung

Das beschriebene System arbeitet nach folgendem Funktionsprinzip: Aus einem Vorratsbehälter wird (durch eine Zeitschaltuhr gesteuert) von einer Pumpe Wasser über einzelne Tropfer an den Balkonkästen zu den Pflanzen gefördert. Bei der Installation gemäß Bild 15.2 läuft aber Wasser auch dann aus dem Behälter, wenn die Pumpe schon längst nicht mehr arbeitet, was dazu führt, dass der Behälter in kurzer Zeit fast leergelaufen ist. Da auf diese unerwünschte Weise nur die unten stehenden Kästen oder Kübel unter Wasser gesetzt werden, ist wohl deren Position im System das Problem. In der Tat ist auf diese Weise ein klassischer Überlauf erzeugt worden, der dazu führt, dass der Behälter bis auf das Höhenniveau der Austrittsöffnungen leerläuft, wenn die Pumpe im Ruhezustand nicht die Leitung zu den Pflanzen

© Springer Fachmedien Wiesbaden GmbH, ein Teil von Springer Nature 2018
H. Herwig, *Ach, so ist das?*, https://doi.org/10.1007/978-3-658-21791-4_15

verschließt. Die Pumpe müsste also als Ventil wirken, d. h. die Leitung verschließen, wenn außerhalb der Pumpenbetriebszeit kein Wasser fließen soll. Offensichtlich hat die Pumpe im vorliegenden Fall aber nicht diese Eigenschaft.

Die naheliegende Lösung dieses Problems ist damit die Installation eines Ventils, das bzgl. der Schließzeiten an den Pumpenbetrieb angepasst wird. Das stellt aber einen erheblichen Aufwand dar, und diese Lösung ist sicherlich auch störungsanfällig. Es geht viel einfacher - vielleicht sollte der Leser an dieser Stelle aber zunächst kurz selbst überlegen, wie die absolut wartungsfreie und darüber hinaus kostenlose Lösung aussehen könnte.

Die Lösung: Außerhalb der Pumpenbetriebszeit muss der Wasserfluss zwischen dem Behälter und dem Pflanzenkübel auf dem Boden unterbrochen sein. Dies ist auf zwei Wegen ganz einfach zu erreichen:

(1) Man sieht im Wasserbehälter oberhalb der Wasseroberfläche in der Zuleitung zu den Kübeln am Boden einen weiteren Tropfer vor. Wenn die Pumpe läuft, tropft daraus Wasser in den Behälter zurück. Wenn die Pumpe nicht läuft, wird durch den Tropfer Luft in die Leitung gesaugt und und der Wasserfluss ist unterbrochen.

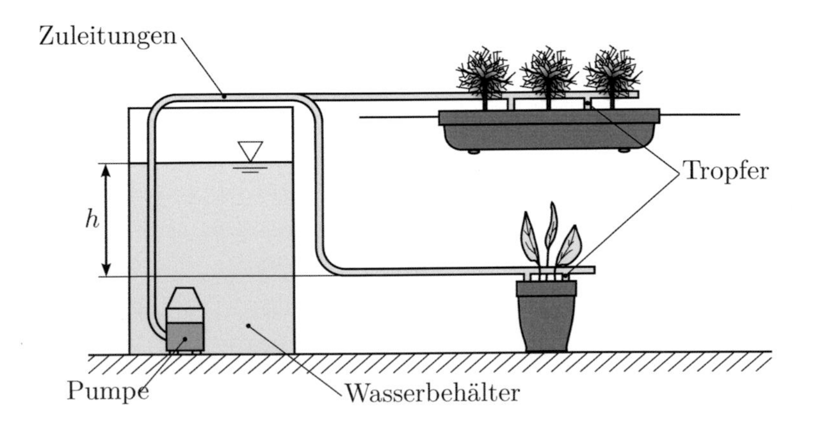


**Bild 15.2:** Balkonpflanzen-Bewässerungssystem: Über eine Pumpe wird Wasser aus dem Wasserbehälter gefördert und über zahlreiche Tropfer dosiert an die einzelnen Pflanzen abgegeben.

(2) Dieselbe Wirkung wird erreicht, wenn der untere Kübel keinen eigenen Schlauchanschluss erhält (wie in Bild 15.2), sondern eine Fortsetzung des oberen Schlauches bis in den Kübel am Boden vorgesehen wird. Auch dann wird Luft in die oberen Tropfer gesaugt, sobald die Pumpe nicht mehr läuft.

# Teil II: Speisen & Getränke

**Hinweis**: Wichtige Begriffe sind in einem Glossar am Ende des Buchs erläutert. Im Text zu den einzelnen Phänomenen sind die auf diese Weise behandelten Begriffe durch sog. KAPITÄLCHEN hervorgehoben (Schreibweise in Großbuchstaben).

**16** **Das Phänomen:** Kochen, braten, backen - was geschieht da eigentlich?

Viele Lebensmittel, die wir zu uns nehmen, müssen erst in der einen oder anderen Art "hitzebehandelt" werden. Sei es, dass wir Eier oder Kartoffeln kochen, ein Steak braten oder einen Kuchen backen - stets ist der Küchenherd im Spiel, entweder mit heißen Herdplatten, warmer Umluft oder in Grillfunktion. Mit viel Erfahrung und/oder guten Rezepten gelingt es in der Regel, den gewünschten Erfolg zu erzielen - es wäre aber doch schön, zu wissen, was da eigentlich in und auf unserem Küchenherd (physikalisch und chemisch) geschieht.

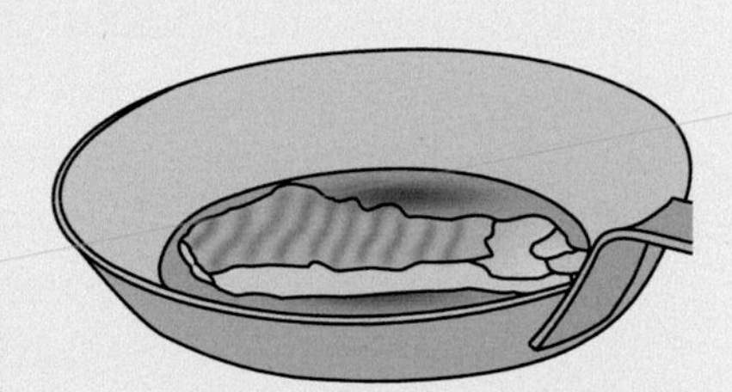

**Bild 16.1:** Auf dem Weg zum zarten Steak ...

## ...und die Erklärung

Eine erste Überlegung sollte den wesentlichen Bestandteilen gängiger Lebensmittel gelten und wie diese auf "Hitze" reagieren. Vier Hauptbestandteile sind:[1]

(1) *Wasser*: Dies ist der Hauptbestandteil fast aller Nahrungsmittel, im Fleisch mit etwa 70 Vol. %, in Gemüse und allgemein frischen pflanzlichen Produkten mit noch höheren Anteilen. Bei Erwärmung bleibt Wasser unter 100 °C (bei normalem Umgebungsdruck) flüssig. Eine Veränderung des Wasseranteils kann nur über die jeweilige Oberfläche und dann in der Regel über einen

[1]Daten und Zahlenwerte im Zusammenhang mit diesem Phänomen sind weitgehend dem folgenden lesenswerten Buch entnommen: Barham, P. (2001): The Science of Cooking, Springer-Verlag, Berlin

© Springer Fachmedien Wiesbaden GmbH, ein Teil von Springer Nature 2018
H. Herwig, *Ach, so ist das?*, https://doi.org/10.1007/978-3-658-21791-4_16

Phasenwechsel (flüssig $\rightarrow$ gas(dampf)förmig) erfolgen. Dies kann ein Verdunstungsvorgang bei Oberflächentemperaturen < 100 °C sein, oder eine Verdampfung bei 100 °C.

(2) *Proteine (Eiweiße)*: Dies sind biologische Makromoleküle, die aus verschiedenen Aminosäuren (jeweils etwa 20 Atome) aufgebaut sind. Die Anzahl der Moleküle beträgt häufig 100 bis 300, es können aber auch mehrere zehntausend einzelne Aminosäure-Moleküle beteiligt sein (wobei im menschlichen Körper 21 verschiedene Aminosäuren vorkommen). Proteine sind wesentliche "Zellbausteine" mit vielfältigen mechanischen, biologischen und chemischen Funktionen.

Bei Erwärmung werden Bindungen innerhalb der Makromoleküle aufgebrochen, was man *Denaturierung* nennt. Dies geschieht ab etwa 40 °C.[1] Wenn Temperaturen ab 75 °C vorliegen, kommt es zu chemischen Reaktionen, die neue und andersartige Proteine aus den ursprünglichen, dann aber denaturierten Proteinen bilden.

(3) *Fette*[2]: Dies sind langkettige Moleküle, überwiegend bestehend aus Kohlenstoff- und Wasserstoffatomen. Ihr Aufbau setzt sich vornehmlich aus drei parallel angeordneten Ketten zusammen, jeweils bestehend aus 10 bis 20 Kohlenstoffatomen, an die Wasserstoffatome angelagert sind. Gesättigte Fette besitzen die maximal mögliche Anzahl von angelagerten Wasserstoffatomen. Fette dienen in der Natur als Energiespeicher, weil Energie freigesetzt werden kann, wenn Fette "verbrennen", d. h. oxidieren (chemische Reaktion mit Sauerstoff).

Bei Erwärmung schmelzen Fette meist im Temperaturbereich 30 °C bis 40 °C. Bei weiterer Erwärmung finden zunächst keine weiteren Strukturänderungen (chemische Reaktionen oder Phasenwechsel) statt, die Viskosität der Öle sinkt aber extrem

[1] Der menschliche Körper "bekämpft" Viren (Proteine) durch Fieber, d. h. durch eine Temperatur, die für diese Proteine kritisch ist, ohne aber die körpereigenen Proteine zu gefährden. Hierbei sind geringe Temperaturunterschiede von großer Bedeutung.

[2] Fette und Öle unterscheiden sich nur durch ihren Aggregatzustand bei Umgebungstemperatur. Man spricht von Fetten, wenn ein fester und von Ölen, wenn (schon) ein flüssiger Zustand vorliegt.

ab (zwischen 20 °C und 70 °C auf etwa 20 % des ursprünglichen Werts!), was eine deutlich erhöhte "Fließfähigkeit" zur Folge hat.

(4) *Stärken*: Dies sind spezielle Kohlenhydrat-Moleküle, die (wie auch Zellulose) aus einer großen Zahl von Zuckermolekülen ringförmig aufgebaut sind. Eine große Anzahl solcher Moleküle ist jeweils in körnigen Strukturen vereint. Stärken dienen (vorzugsweise bei Pflanzen) biologisch der Energiespeicherung und sind das wichtigste Kohlehydrat der menschlichen Ernährung. Mehl z. B. ist eine Ansammlung von Stärkekörnern.

Bei Erwärmung kann Stärke große Mengen von Wasser binden, was sich insgesamt als Aufquellen äußert und zu einer sog. Verkleisterung führt. Diese tritt bei Temperaturen zwischen 60 °C und 90 °C auf und ist das wesentliche Element des Backvorgangs.

"Kochen", hier als Oberbegriff für die thermische Zubereitung von Speisen (umfasst auch braten, grillen, backen) sowie deren anschließende Verwertung im menschlichen Körper, sind hochkomplexe physikalisch-chemisch-physiologische Vorgänge, die im Rahmen dieses Buchs nur angerissen werden können. In diesem Sinne sollen hier einige physiologische, chemische und physikalische Aspekte etwas näher beleuchtet werden.

- **Physiologische Aspekte des "Kochens"**

  Was immer wir kochen, es soll möglichst "gut schmecken". Dieser auf die Nahrungsaufnahme bezogene Gesamteindruck setzt sich aus dem Schmecken im Mund und dem Riechen in der Nase zusammen. Dies sind zwei für sich genommen sehr unterschiedliche Vorgänge:

  (1) *Schmecken*: Dieser sensorische Eindruck entsteht an den mehreren tausend sog. Geschmacksknospen an der Oberfläche der menschlichen Zunge. Mit diesen können wir genau fünf verschiedene Geschmacksrichtungen unterscheiden, die von Fall zu Fall in unterschiedlichen Kombinationen vorkommen können. Es sind: süß, sauer, bitter, salzig und umani. Die ersten vier sind uns geläufig, umani in der Regel aber nicht. Es ist der Geschmack von Glutamaten, genauer von

Mononatriumglutamat, das in der asiatischen Küche weit verbreitet ist, aber z. B. auch in Tomaten und Parmesankäse vorkommt.

(2) *Riechen*: Dieser sensorische Eindruck wird uns von fünf bis zehn Millionen sog. olfaktorischen Rezeptoren in unserer Nase vermittelt. Substanzen können wir damit riechend wahrnehmen, wenn schon wenige hundert Moleküle mit der Luft an die Rezeptoren gelangen. Da die Atemluft Träger dieser Moleküle ist, können wir nur relativ kleine Moleküle "riechen".

Während des Essens wirken beide Mechanismen zusammen, weil neben dem direkten Einatmen durch die Nase auch aus dem hinteren Rachenraum Moleküle an die Nasen-Rezeptoren gelangen. Wie Speisen schmecken, vermittelt sich uns damit durch die beiden Vorgänge des Schmeckens und Riechens.

- **Chemische Aspekte des "Kochens"**

Im Zusammenhang mit den chemischen Reaktionen in Lebensmitteln sind zwei Gruppen von besonderer Bedeutung:

(1) *Enzymatische Reaktionen*: Dies sind von Enzymen (Katalysatoren für biochemische Reaktionen) gesteuerte Reaktionen, die auch noch wirken, wenn das biologische Material zur Speise wird, wie etwa beim Reifen von Früchten und bei der Umwandlung von Proteinen bei der Alterung von Fleisch.

(2) *Maillard-Reaktionen*: Darunter versteht man eine ganze Reihe von nicht-enzymatischen Reaktionen, die zwischen Aminosäuren und reduzierten Zuckern bei hohen Temperaturen (oberhalb von 140 °C) ablaufen. Sie werden auch als Bräunungsreaktionen bezeichnet. Diese Reaktionen beeinflussen wesentlich den Geschmack und Geruch von Lebensmitteln nach dem Rösten (Kaffee und Kakao), Frittieren (Pommes frites), Backen (Brot, Toast) oder Braten (Steak).

Diese Gruppe von chemischen Reaktionen ist nach dem Chemiker L. G. Maillard (1878 - 1936) benannt. Dieser hatte nie wissenschaftlich mit Lebensmittels zu tun, es stellte sich aber nach seinem Tod heraus, dass die von ihm untersuchten

Reaktionen von Aminosäuren mit (reduzierten) Zuckern in Zellen entscheidend für das Verständnis der Vorgänge beim Kochen sind.

Eine entscheidende Erkenntnis ist dabei, dass die für den Geschmack wichtige Maillard-Reaktion Temperaturen von $> 140\,^\circ\mathrm{C}$ erfordert, was z. B. beim Braten von Fleisch nur an der Oberfläche auftreten kann (das fluide Wasser im Fleisch hat stets Temperaturen $< 100\,^\circ\mathrm{C}$). Es ist aber zu beachten, dass oberhalb von 200 °C Reaktionen auftreten, die zu unerwünschten Geschmackskomponenten und u. U. auch zu krebserregenden Stoffen führen. Dieser Aspekt ist beim Grillen über offenem Feuer von Bedeutung.

- **Physikalische Aspekte des "Kochens"**

Kochen als thermische Behandlung von Lebensmitteln ist wesentlich durch die verschiedenen Arten des Wärmeübergangs bestimmt, sowie durch die Tatsache, dass Wasser (als Hauptbestandteil fast aller Lebensmittel) bei Normaldruck bis 100 °C in flüssiger Form vorliegt. Die verschiedenen Arten der Wärmeübertragung bei der thermischen Aufbereitung von Lebensmitteln entscheiden darüber, wie thermische Energie an die Oberfläche des Kochguts gelangt. Im Kochgut selbst breitet sie sich dann durch Wärmeleitung aus und wird

- über die jeweilige Wärmekapazität als innere Energie gespeichert.
- für eventuelle endotherme chemische Reaktionen benötigt.
- für den eventuellen Phasenwechsel des Wassers (flüssig $\rightarrow$ gasförmig) benötigt. Dieser spielt sich stets in der Nähe der Oberfläche ab, weil der entstehende Wasserdampf nach außen entweichen muss (beachte: bei der Verdampfung vergrößert sich das spezifische Volumen von Wasser um mehr als das Tausendfache - ohne ein Entweichen würde damit das Lebensmittel "gesprengt"!).

Die verschiedenen Arten, wie thermische Energie an die Kochgutoberfläche gelangen kann, sind:

(1) *Wärmeleitung* durch direkten Kontakt mit einer festen Heizfläche, wie dies z. B. beim Braten in einer Pfanne der Fall ist. Dabei liegt keine prinzipielle Begrenzung der Oberflächentemperatur vor, diese stellt sich vielmehr innerhalb des Gesamtvorgangs als ein bestimmter Wert ein. Das ist der Grund dafür, dass man ein Steak "verbrennen" kann.

(2) *Konvektiver Wärmeübergang* durch den Kontakt mit Umluft, Wasser oder Öl. In einem Umluftherd wird heiße Luft genutzt, um thermische Energie an das Kochgut zu übertragen. Dabei ist es von doppeltem Vorteil, die Luft umzuwälzen und nicht stets neue Luft zu nehmen. Die Umluft muss dann nur einmal auf die gewünschte hohe Temperatur gebracht werden. Ein zweiter Vorteil ist aber auch, dass die umgewälzte Luft stets feuchter wird und damit höhere Oberflächentemperaturen erreicht werden können, weil der "Kühleffekt", der mit der Verdunstung von Wasser einhergeht, abnimmt, s. dazu auch die Ausführungen im Phänomen Nr. 44 zum Thema Verdunstungskühlung. Solange der oberflächennahe Bereich nicht ausgetrocknet ist, bleibt die Oberflächentemperatur bei 100 °C. Erst wenn kein oberflächennaher Phasenwechsel mehr vorliegt, kann es zu Bräunungsreaktionen kommen, die als die beschriebenen Maillard-Reaktionen Temperaturen $> 140\,°C$ erfordern.

Der KONVEKTIVE WÄRMEÜBERGANG in heißem Wasser oder Fett im Sinne einer natürlichen Konvektion (Fluidbewegungen durch Auftriebseffekte) führt zu erheblich besseren Wärmeübergängen als bei Luft, weil die WÄRMELEITFÄHIGKEIT[1] $\lambda$ entsprechend höher ist. Der bei sonst gleichen Verhältnissen übertragene Wärmestrom ist direkt proportional zu $\lambda$. Die Oberflächentemperaturen sind stets durch die Fluidtemperaturen begrenzt und erreichen maximal deren Werte, bei siedendem Wasser also 100 °C, in flüssigem Fett den per Thermostat eingestellten Wert, typischerweise bis zu 180 °C. Bräunungsreaktionen an der Kochgutoberfläche

[1] Für Luft gilt $\lambda = 0{,}026\,\mathrm{W/m\,K}$, für Wasser $\lambda = 0{,}6\,\mathrm{W/m\,K}$ und für Öl $\lambda = 0{,}13\,\mathrm{W/m\,K}$, jeweils bei 20 °C.

können demnach in heißem Fett, nicht aber in siedendem Wasser auftreten.

(3) *Wärmeübergang durch Infrarot-Strahlung*, wie z. B. beim Toasten von Brot oder Überbacken im Heißluftherd durch zusätzliche Heizspiralen. Dabei stehen die glühenden Heizdrähte oder Spiralen (mit Temperaturen von über 1000 °C) im Strahlungsaustausch mit den Kochgutoberflächen. Welche Oberflächentemperaturen sich dabei einstellen, ist wesentlich von den Strahlungseigenschaften der Oberflächen abhängig und insgesamt ein sehr komplexes Problem. Als entscheidender Wert tritt dabei der Absorptionskoeffizient der Oberfläche auf, der darüber entscheidet, wie viel der ankommenden Strahlungsenergie vom Körper aufgenommen (absorbiert) und wie viel reflektiert wird. Da dunkle Oberflächen tendenziell deutlich höhere Absorptionskoeffizienten aufweisen als helle Flächen, wird erklärbar, warum z. B. ein Toastbrot im Toaster anfangs lange Zeit kaum eine sichtbare Veränderung aufweist, dann aber "plötzlich" der Gefahr unterliegt, zu verbrennen. Solange der Toast hell ist, wird ein großer Teil der einfallenden Strahlung reflektiert, die absorbierte Strahlung dient wesentlich der Verdampfung von Wasser und die Oberflächentemperatur bleibt $\leq 100\,°C$, d. h. es gibt keine Bräunungsreaktionen. Wenn die oberflächennahen Bereiche aber ausgetrocknet sind, steigt die Oberflächentemperatur auf Werte $> 100\,°C$ und Bräunungsreaktionen setzen ein. Diese werden zusätzlich "beschleunigt", weil die jetzt dunklen Oberflächen deutlich höhere Absorptionskoeffizienten aufweisen. Dann gilt es, rechtzeitig "einzugreifen"!

(4) *Wärmeübergang durch Mikrowellen-Strahlung* in einem Mikrowellenofen. Hier liegt eine etwas andere Situation vor als in den bisher beschriebenen Fällen. Mikrowellen besitzen als elektromagnetische Strahlung eine größere Wellenlänge als Infrarotstrahlung (und sind deshalb für das menschliche Auge unsichtbar; Infrarotstrahlung können wir zwar auch nicht sehen, wohl aber den benachbarten Rotbereich). Ihre Wellenlänge ist gerade so gewählt, dass Wassermoleküle zu

Schwingungen angeregt werden und auf diese Weise thermische Energie aufnehmen können. Die Besonderheit ist, dass diese Strahlung etwa 10 mm tief in das Kochgut eindringen kann und dort dann als innere Energie durch Wärmeleitung auf das gesamte Kochgut verteilt wird.

Wegen der großen Wellenlänge der verwendeten Mikrostrahlung ist der volumenmäßige Eintrag der Energie in das Kochgut sehr ungleichmäßig verteilt. Dies wird durch einen Drehteller ausgeglichen, auf dem das Kochgut durch das (ungleichmäßige) Strahlungsfeld bewegt wird.

## 17 **Das Phänomen:** Die Kunst, ein Steak zu braten

Außen schön dunkel, innen noch hellrot - so wünschen sich viele ihr Filet-Steak und bestellen es als *medium* oder *medium rare*. Nicht immer ist allerdings das, was dann auf dem Teller landet, so ganz nach dem Geschmack des Gasts. Es ist offensichtlich nicht ganz so einfach, die genau richtige thermische Behandlung des zunächst rohen Steaks zu finden - und in der Tat gibt es eine ganze Reihe sehr spezieller Empfehlungen.

**Bild 17.1:** Schild an einem amerikanischen Steak-House

# ...und die Erklärung

Um zu verstehen, wann und wie ein Steak perfekt zubereitet wird, sollte zunächst erläutert werden, woraus Fleisch besteht und wie die einzelnen Bestandteile auf eine Temperaturerhöhung reagieren.[1] Die vier Hauptbestandteile von Fleisch sind:

(1) Muskelfasern
(2) Bindegewebe (einschließlich Sehnen) } ca. 20 %

(3) Fett } ca. 20 %

(4) Wasser } ca. 60 %

[1]Daten und Zahlenwerte im Zusammenhang mit diesem Phänomen sind weitgehend dem folgenden lesenswerten Buch entnommen: Barham, P. (2001): The Science of Cooking, Springer-Verlag, Berlin

© Springer Fachmedien Wiesbaden GmbH, ein Teil von Springer Nature 2018
H. Herwig, *Ach, so ist das?*, https://doi.org/10.1007/978-3-658-21791-4_17

Die Muskelfasern werden von Bindegewebe in Strängen zusammengehalten und an die Knochen angebunden. Für die vier Bestandteile gilt Folgendes, wobei zu beachten ist, dass bei der Erwärmung stets an der Oberfläche die höchsten und im Kern die niedrigsten Temperaturen auftreten (zur Erläuterung s. auch Bild 17.2):

(1) *Muskelfasern*: Sie bestehen aus Proteinen (Eiweiße; Zellbausteine bestehend aus Aminosäuren), die bei Temperaturen > 40 °C denaturieren und sich dabei tendenziell zusammenziehen. Dies bewirkt die häufig zu beobachtende Änderung der Steakform hin zu dickeren Steaks (weshalb man Fleisch stets "quer zur Faser" schneiden sollte!). Dabei verliert das anfangs zarte und weiche Fleisch immer mehr diese Eigenschaft und wird bei zu hohen Temperaturen anschließend als zunehmend "zäh" empfunden. Weitere strukturelle Veränderungen finden dann bei Temperaturen > 75 °C statt, bei denen es zu chemischen Reaktionen kommt, bei denen neue und andersartige Proteine gebildet werden. An der Oberfläche des Steaks sollten Temperaturen von > 140 °C erreicht werden, weil erst dann sog. *Bräunungsreaktionen* (Maillard-Reaktionen, s. dazu auch das Phänomen Nr. 16 zum Thema kochen, backen, braten) einsetzen. Neben der farblichen Veränderung entstehen dann die Geschmacksaromen, die für uns erst den typischen "Fleischgeschmack" ergeben.

(2) *Bindegewebe*: Es besteht zu großen Teilen aus Kollagen, einem speziellen Protein bzw. Eiweiß, das fadenartige Strukturen aus drei verwundenen Makromolekülen bildet und damit eine extreme Zugfestigkeit erreicht. Bei Temperaturen > 60 °C zerfällt die Struktur aber, und es entsteht aus dem denaturierten Kollagen dann Gelatine, also ein sehr weiches Material.

(3) *Fett*: Es besteht aus Kohlenstoff- und Wasserstoffatomen und dient in der Natur als Energiespeicher. Fette schmelzen bei Temperaturen oberhalb von 30 °C bis 40 °C, erfahren bei weiterer Erwärmung aber zunächst keine weiteren Strukturveränderungen. Mit zunehmender Temperatur nimmt die Viskosität stark ab, was die Fließfähigkeit in den kapillaren Fleischstrukturen entsprechend steigert.

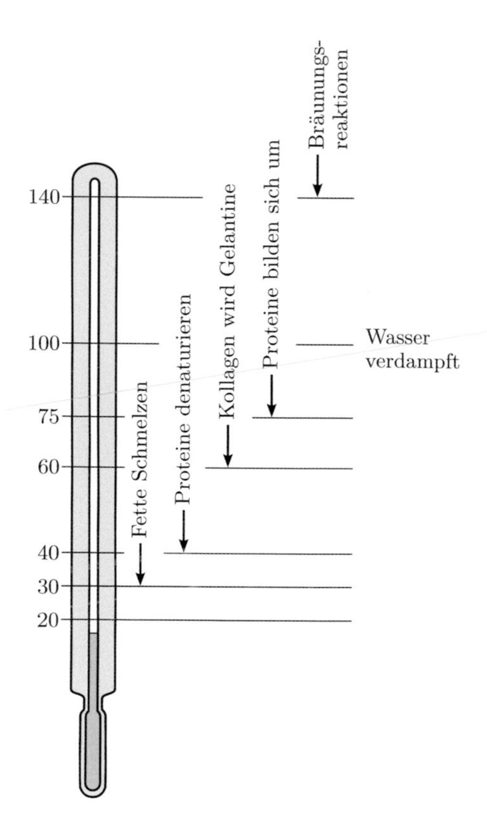


**Bild 17.2:** Vorgänge im Fleisch bei steigender Temperatur; zur Erläuterung s. die Punkte (1) bis (4)

(4) *Wasser*: Der hohe Wasseranteil ist weitgehend in den Proteinen gebunden und trägt entscheidend zur Fleischtextur bei. Eine starke Denaturierung der Proteine kann aber erhebliche Mengen des zunächst gebundenen Wassers freigeben - ein Vorgang, den man bei bestimmten Fleischsorten nach dem Anbraten deutlich beobachten kann.

Aus diesen Beschreibungen lassen sich die Anforderungen ableiten, die zu einem "perfekt" zubereiteten Steak führen, hier unter der Annahme, dass die Bestellung auf *medium* lautet. Im Wesentlichen sind dies drei Punkte:

(1) Wesentliche Teile des Fleischs, die hauptsächlich aus Muskelfasern bestehen, sollten nicht weit über 40 °C erwärmt werden, damit diese Bereiche zart bleiben.

(2) Teile mit hohen Anteilen an Bindegewebe sollten über 60 °C erwärmt werden, damit diese zart werden.

(3) Oberflächennahe Teile sollten auf über 140 °C erwärmt werden, damit durch die Bräunungsreaktionen der typische Fleischgeschmack entsteht.

Im Sinne einer konkreten Anweisung kann dies weitgehend wie folgt umgesetzt werden:

Ein möglichst bindegewebsfreies etwa 20 mm dickes Steak

- von beiden Seiten in einer Pfanne mit heißem (aber nicht zu viel) Öl jeweils 30 s anbraten und
- anschließend beide Seiten bei reduzierter Hitze je zweimal 60 s braten.

Nach dann fünf Minuten sollte man das Steak noch etwa für zwei Minuten bei ca. 50 °C ruhen lassen, z. B. in einer Alufolie - in dieser Zeit kann man ja schon mal freudig auf den Koch oder die Köchin anstoßen ...

Diese Überlegungen führen eindeutig zu dem Schluss, dass eine bisweilen propagierte reine "low temperature"-Methode (lange Zeiten bei ca. 80 °C) zumindest für Steaks nicht zu empfehlen ist.

**18** **Das Phänomen:** Die Kunst, ein Ei zu kochen

Auch wenn man sich nicht durch die Frage "Wann werden die Eier denn endlich weich?" als absoluter Koch-Laie erweist, ist es keineswegs selbstverständlich, dass ein gekochtes Ei stets so auf den Tisch kommt, wie man es gerne hätte. Der Wunschzustand ist z. B.: Mit einem schön weichen Eigelb, aber ohne dass an einigen Stellen noch flüssiges ("glibberiges") Eiweiß vorhanden ist. Die Regel "fünf Minuten" - unabhängig von der Größe des Eis - kann nicht immer funktionieren.

**Bild 18.1:** Auf dem Weg zum 5-Minuten-Ei

## ...und die Erklärung

Eier haben bekanntlich neben der Schale zwei Hauptbestandteile: Das Eiklar (häufig "Eiweiß" genannt) und den Dotter (häufig "Eigelb" genannt). Beide Anteile bestehen im Wesentlichen neben Wasser aus Proteinen (Aminosäuren), die bei Temperaturen oberhalb von etwa 40 °C denaturieren (Aufbrechen von chemischen Bindungen innerhalb der Makromoleküle). Bei höheren Temperaturen kommt es dann zu chemischen Reaktionen, die zur Gerinnung (Koagulation) führen. Für das Eiklar geschieht dies oberhalb von 63 °C, für den Dotter sind Temperaturen von mehr als 70 °C erforderlich, damit es zur Gerinnung kommt. Für ein hartgekochtes Ei ist es also erforderlich, dass im Zentrum, d. h. im Inneren des Dotters, Temperaturen von über 70 °C erreicht werden. Wenn im Dotter Temperaturen $> 80$ °C herrschen, tritt eine gewisse Grünfärbung ein. Dies ist aufgrund der Temperaturverteilung zunächst am Außenrand des Dotters der Fall.

© Springer Fachmedien Wiesbaden GmbH, ein Teil von Springer Nature 2018
H. Herwig, *Ach, so ist das?*, https://doi.org/10.1007/978-3-658-21791-4_18

Insgesamt ist zu beachten, dass das Kochen eines Eies einen instationären Wärmeübergangsprozess darstellt, bei dem im Ei eine Temperaturverteilung herrscht, die sich qualitativ wie in Bild 18.2[1] gezeigt verhält. Dies kann wie folgt in Bezug auf die im Bild angegebenen fünf Zeitpunkte erläutert werden:

$t_0$: Das Ei besitzt eine einheitliche Anfangstemperatur (nach langer Lagerung bei konstanter Temperatur), z. B. 20 °C.

$t_1$: Kurz nachdem das Ei in siedendes Wasser gegeben worden ist. Dann herrschen an der Oberfläche etwa 100 °C. Wegen der hohen WÄRMELEITFÄHIGKEIT der Eierschale gibt es keinen nennenswerten Temperaturabfall über die Eierschale hinweg. Nach der kurzen Zeit $t_1$ sind nur die oberflächennahen Teile des Eiklar erwärmt, der Dotter noch nicht.

$t_2$: Nach längerer Zeit ist das gesamte Ei von einer Temperaturerhöhung erfasst, die qualitativ in Bild 18.2 gezeigt ist. Der Temperaturverlauf zeigt an der Grenze zum Dotter einen Knick, weil rechts und links der Grenzfläche unterschiedliche Wärmeleitfähigkeiten vorliegen.

$t_3$: Prinzipieller Verlauf wie bei $t_2$, aber mit insgesamt höheren Werten.

$t_4$: Nachdem das Ei aus dem Wasser genommen worden ist, kommt es zu einem Temperaturausgleich im Ei bei gleichzeitiger Abkühlung. Dieser Temperaturausgleich bewirkt einen weiteren Anstieg der Temperatur im Zentrum des Eis. Gleichzeitig gibt es aber auch einen Wärmestrom an die Umgebung ab, so dass der jetzt grundsätzlich andere Temperaturverlauf im Ei entsteht (s. Kurve für $t_4$). Nach sehr langen Zeiten liegt wieder die aktuelle Umgebungstemperatur im gesamten Ei vor.

Der entscheidende Parameter beim Kochen von Eiern ist die gewünschte Temperatur, die über eine entsprechende Kochzeit erreicht wird. Der Zubereitungsgrad (weich, hart, ...) korreliert dabei direkt

[1]Zahlenwerte aus Hirschberg, H. G. (1999): Handbuch Verfahrenstechnik und Anlagenbau - Chemie, Technik, Wirtschaftlichkeit, Springer-Verlag, Berlin

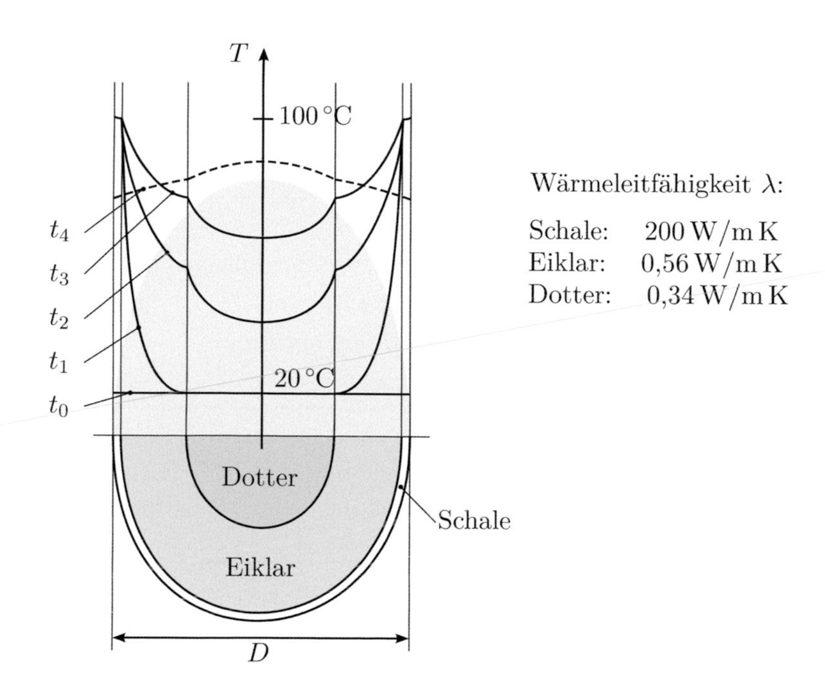


**Bild 18.2:** Prinzipieller Temperaturverlauf im Ei zu verschiedenen Zeiten $t$

mit der am Ende erreichten Temperatur im Dotter. Eine grobe Korrelation zwischen dieser Temperatur und der Dotter-Textur ist in Tab. 18.1 gegeben. Sie enthält mittlere Temperaturen, so dass auf Grund des in Bild 18.2 gezeigten prinzipiellen Temperaturverlaufs am Außenrand des Dotters jeweils eine höhere Temperatur vorliegt.

Um einen gewünschten Zubereitungsgrad des Eis zu erreichen, sind für die Wahl der Kochzeit zusätzlich der Ei-Durchmesser $D$, die Ei-Anfangstemperatur $T_0$ und die Wassertemperatur $T_W$ zu beachten.

Für die beiden Fälle $T_0 = 20\,°C$ (Ei bei Raumtemperatur) und $T_0 = 5\,°C$ (Ei bei Kühlschranktemperatur) ist die Abhängigkeit der Kochzeit vom Durchmesser $D$ in Tab. 18.2 gezeigt, die sich aus einer "Faustformel" zum Eierkochen ergibt[1]. Der angestrebte Ei-Zustand ist dabei "weich" mit einer mittleren Dotter-Temperatur von 70 °C, s. Tab. 18.1. Es gelte eine einheitliche Wassertemperatur von 100 °C.

[1]Hier übernommen aus: Barham, P. (2001): The Science of Cooking, Springer-Verlag, Berlin

**Tabelle 18.1:** Zustand des Eis bzw. Dotters abhängig von der mittleren Dotter-Temperatur

| mittlere Dotter-Temperatur | Dotter-Textur | Zustand |
|---|---|---|
| 60 °C | leicht flüssig | "sehr weich" |
| 70 °C | erste Gerinnungserscheinungen | "weich" |
| 80 °C | vollständig geronnen, erste Grünfärbung am Rand | "hart" |
| 90 °C | trocken, bröckelig fest | "sehr hart" |

**Tabelle 18.2:** Eier-Kochzeiten nach einer Faustformel[1]

| | $D$ in mm | $t$ in min | $t$ in min, s | |
|---|---|---|---|---|
| $T_0 = 20\,°C$ | 30 | 2,26 | 2 min | 16 s |
| | 35 | 3,08 | 3 min | 5 s |
| | 40 | 4,02 | 4 min | 1 s |
| | 45 | 5,08 | 5 min | 5 s |
| $T_0 = 5\,°C$ | 30 | 2,49 | 2 min | 29 s |
| | 35 | 3,39 | 3 min | 23 s |
| | 40 | 4,29 | 4 min | 17 s |
| | 45 | 5,61 | 5 min | 37 s |

**19** **Das Phänomen:** Ein gekochtes Ei, das zur Abkühlung in einen Wasserstrahl gehalten wird, zeigt keine Strömungsablösung

Bekanntlich müssen Körper "stromlinienförmig" sein, damit es nicht zur Strömungsablösung im stromabwärtigen Bereich kommt. Schlanke Flugzeugtragflügel z. B. vermeiden durch ihre geometrische Form Strömungsablösungen (wenn der Anstellwinkel nicht zu groß ist). Hinter einem Pkw kommt es aber stets zu großen Ablösegebieten. Ist dann ein Ei wirklich so "schlank", dass aufgrund dieser Geometrie die Ablösung des Wasserfilms in stromabwärtigen Bereich vermieden wird?

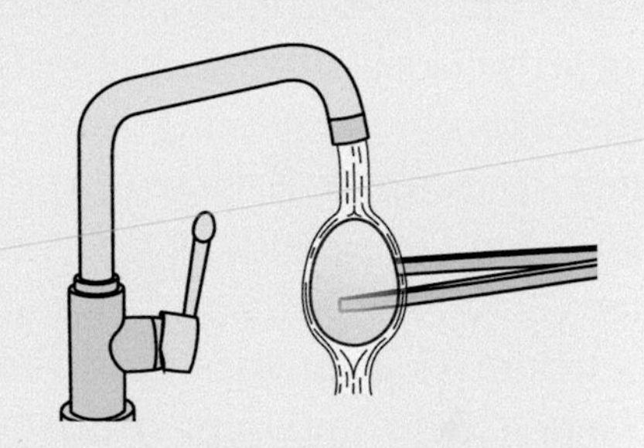

**Bild 19.1:** Die vollständige Umströmung eines Eis durch einen Wasserstrahl

## ...und die Erklärung

In der gezeigten Situation, in der ein Flüssigkeitsstrahl auf das Ei trifft, liegt im Vergleich zu den Strömungssituationen bei der Umströmung eines Flugzeugtragflügels oder eines Pkw ein entscheidender Unterschied vor. Im Zusammenhang mit dem umströmten Ei handelt es sich um einen dünnen Flüssigkeitsfilm auf der Oberfläche, während die anderen Fälle jeweils Umströmungen der entsprechenden Körper durch ein einheitliches Fluid sind. Bild 19.2 zeigt im Vergleich die Geschwindigkeitsprofile für beide Fälle an einer "eiförmigen Geometrie", die einmal durch einen Flüssigkeitsstrahl und einmal durch ein im ganzen Feld homogenes Fluid umströmt wird. In Bild 19.2(b) ist die Umströmung mit einer homogenen Anströmung gezeigt (dies könnte Luft oder Wasser sein). Hierbei kommt es im stromabwärtigen Teil zur Ablösung und es entsteht ein großes Ablösegebiet. Ganz anders liegt

© Springer Fachmedien Wiesbaden GmbH, ein Teil von Springer Nature 2018
H. Herwig, *Ach, so ist das?*, https://doi.org/10.1007/978-3-658-21791-4_19

der Fall in Bild 19.2(a). Hier strömt nur ein dünner Flüssigkeitsfilm um den Körper, ohne dass es dabei zur Ablösung kommt. Entscheidend für diesen Unterschied sind die jeweiligen Druckverhältnisse am Außenrand der dünnen Strömungsschicht in Wandnähe. Dies ist im Fall der Anströmung mit einem Wasserstrahl der dünne Flüssigkeitsfilm mit einem weitgehend konstanten Druck am Außenrand (aufgeprägt durch die ruhende Umgebungsluft). Bei homogener Anströmung hingegen liegt eine dünne STRÖMUNGSGRENZSCHICHT mit einem stark veränderlichen Druck entlang des Außenrandes vor. Im stromabwärtigen Teil der Geometrie herrscht bei homogener Anströmung ein relativ starker Druckanstieg in Strömungsrichtung, was letztlich zur Ablösung der Grenzschicht und dem Auftreten eines großen Ablösegebietes führt.

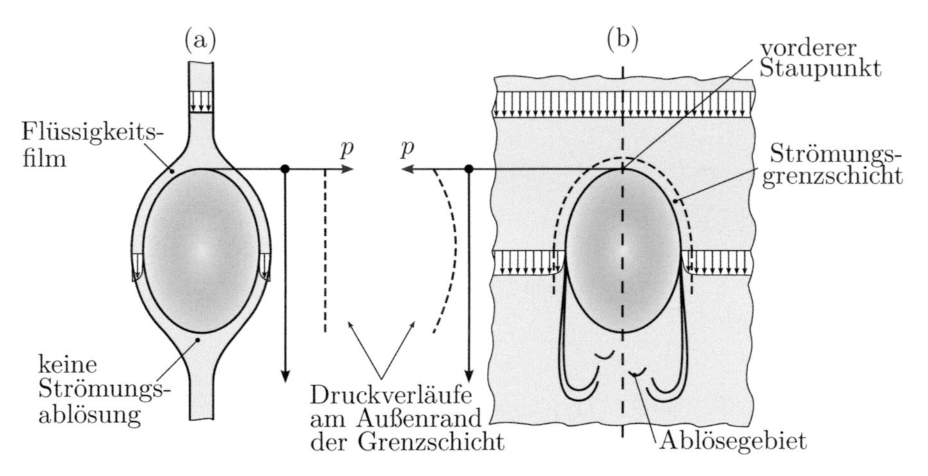


**Bild 19.2:** Umströmung eines eiförmigen Körpers; hellgraues Gebiet: strömendes Fluid

(a) Anströmung durch einen Wasserstrahl
(b) Homogene Anströmung

**20** **Das Phänomen:** Wasser in einem Topf auf dem heimischen Herd durchläuft eine Reihe auffälliger Veränderungen, bevor es "kocht"

Wenn Wasser in einem offenen Topf (ausgehend von der Umgebungstemperatur) zum Sieden gebracht wird, kann man eine Reihe von unterschiedlichen Zuständen im Topf beobachten, bis es zum vollständigen Siedevorgang mit stark bewegter Wasseroberfläche kommt. Was die Bildung von Dampfblasen betrifft, lassen sich verschiedene charakteristische Phasen unterscheiden.

**Bild 20.1:** Wasser wird auf dem Herd "zum Kochen" gebracht

## ...und die Erklärung

Ausgehend vom Wasser bei Umgebungsdruck und -temperatur können folgende Phasen unterschieden werden, nachdem die Heizplatte unter dem Topf angestellt worden ist:

**Phase I**: Die Erwärmung des Wassers beginnt am Boden, eine gewisse Schlierenbildung im Wasser ist sichtbar.

**Phase II**: Am Boden bilden sich in schneller Abfolge Dampfblasen, die zügig anwachsen, aufsteigen und vor Erreichen der Wasseroberfläche wieder verschwinden. Dieser Vorgang ist von einem Rauschen begleitet und deutlich zu hören.

**Phase III**: Das Geräusch verschwindet, die aufsteigenden Dampfblasen erreichen die Wasseroberfläche und versetzen diese in eine sehr unruhige Bewegung. Ganz im Küchenjargon: Das Wasser kocht!

© Springer Fachmedien Wiesbaden GmbH, ein Teil von Springer Nature 2018
H. Herwig, *Ach, so ist das?*, https://doi.org/10.1007/978-3-658-21791-4_20

Mit "das Wasser kocht" ist offensichtlich gemeint, dass im gesamten Wasser jetzt eine Temperatur von etwa 100 °C erreicht ist, die der Zweiphasen-Gleichgewichtstemperatur gemäß der DAMPFDRUCKKURVE von Wasser entspricht.[1] Jede weitere Energiezufuhr in Form von Wärme dient lediglich der Verdampfung weiterer Teile des noch flüssigen Wassers. Dafür ist sehr viel Energie erforderlich, weil die VERDAMPFUNGSENTHALPIE von Wasser bei einem Umgebungsdruck von $p = 1$ bar etwa 2250 kJ/kg beträgt. Dieser Wert wird anschaulich, wenn man bedenkt, dass nur etwa 340 kJ/kg erforderlich sind, um das flüssige Wasser von 20 °C auf 100 °C zu erwärmen.

Die verschiedenen Phasen des beschriebenen sog. *Behältersiedens* kommen offensichtlich zustande, weil durch die Beheizung über den Boden des Behälters zunächst eine sehr ungleichmäßige Temperaturverteilung im Wasser mit dem Maximalwert am Boden entsteht. Hinzu kommt, dass die Beheizung auf eine Weise erfolgt, bei der eine bestimmte Energiemenge pro Fläche und Zeit übertragen wird. Die sich dabei einstellende Temperatur ist nicht von vornherein festgelegt (etwa durch die Stärke der Heizung), sondern sie ergibt sich durch die Wärmeübertragungsmechanismen, die an der Grenze zwischen dem beheizten Boden und dem Wasser vorliegen. Die aktuelle Temperatur stellt sich gerade so ein, dass damit der über den Boden eingeleitete Wärmestrom in das Wasser weitergegeben werden kann.

Man könnte nun erwarten, dass am Boden keine Temperatur von mehr als 100 °C entstehen kann, da ja gemäß der Dampfdruckkurve bei einem Druck von $p = 1$ bar der Gleichgewichtszustand bei etwa 100 °C erreicht ist (und auch durch den hydrostatischen Druck im Wasser nur ein geringfügig höherer Druck entsteht). Dies ist aber deshalb nicht der Fall, weil die Dampfdruckkurve in der üblichen Form nur für ebene Phasengrenzen gilt. Dampfbildung am Behälterboden entsteht aber aufgrund von Oberflächenspannungs-Effekten stets in Form von Blasen und damit an stark gekrümmten Oberflächen. Da die tatsächlich geltende Gleichgewichtsbedingung zwischen Dampf und Flüssigkeit stark vom Krümmungsradius der Dampfblasen abhängt, dieser sich aber schnell und stark verändert, wird erkennbar, dass hier sehr komplizierte Verhältnisse vorliegen, die auch bis heute noch nicht bis in alle Details verstanden sind. Dies bezieht sich besonders

[1] Siehe dazu auch das Phänomen Nr. 45 zum uns umgebenden Luftdruck

auf die Frage, wo die Dampfblasen entstehen bzw. warum an einer bestimmten Stelle die Bildung von Dampfblasen beobachtet werden kann, an anderen Stellen aber nicht.

**Anmerkung**: Beim Siedevorgang wird in den verschiedenen Phasen Wasserdampf an die Luft über der Wasseroberfläche abgegeben. Diesen scheinen wir zumindest in der Endphase des ausgebildeten Blasensiedens auch deutlich sehen zu können. Aber: Wasserdampf ist ein Gas und daher für uns genauso unsichtbar wie die Luft. Was wir sehen können ist kondensierender Wasserdampf in Form von Nebeltröpfchen, die sich bilden, wenn der heiße Wasserdampf in Kontakt mit der kalten Luft abkühlt und dabei kondensiert. Dies ist besonders gut an einem "pfeifenden Wasserkessel" zu beobachten. Der scharfe Wasserdampfstrahl, der durch die Tülle des Kessels austritt, ist erst ein Stück nach der Austrittsöffnung zu sehen, weil erst dort der Kondensationsvorgang eintritt.

**21** **Das Phänomen:** Das Kochen im Dampfdruck-Kochtopf geht schnell, hat aber manchmal auch seine Tücken

Ein ebenfalls gängiger Name ist "Schnellkochtopf", womit bereits eine wichtige Funktion benannt ist. Es geht schneller und als Folge davon ist es auch energetisch sinnvoll, mit dem Dampfdruck- bzw. Schnellkochtopf zu kochen. Die Benutzung eines solchen Dampfdruck-Kochtopfes kann aber auch seine Tücken haben: Dass man zwischendurch den Kochzustand nicht testen kann, ist noch das geringere Problem. Wenn man den Kochvorgang unterbricht, um z. B. weitere Zutaten zuzugeben, kommt es sehr leicht dazu, dass z. B. eine Erbsensuppe anbrennt und damit weitgehend ungenießbar wird.

**Bild 21.1:** Kochen im Dampfdruck-Kochtopf spart Zeit und Energie

## ...und die Erklärung

Kochen ist ein Vorgang, bei dem im Lebensmittel biochemische Prozesse (s. dazu das Phänomen Nr. 16 zum Thema Kochen, backen und braten) dadurch in Gang gesetzt werden, dass bestimmte Grenztemperaturen überschritten werden und dass das Lebensmittel eine bestimmte Zeitspanne mindestens auf diesem Temperaturniveau verbleibt. Dabei ist zu beachten, dass dies insbesondere auch für die inneren Bereiche der Lebensmittel gilt, die in einem insgesamt instationären Wärmeübertragungsprozess zu Beginn des Kochvorgangs nur langsam ihre Temperatur erhöhen.

© Springer Fachmedien Wiesbaden GmbH, ein Teil von Springer Nature 2018
H. Herwig, *Ach, so ist das?*, https://doi.org/10.1007/978-3-658-21791-4_21

Maßgeblich für diesen "inneren Wärmeübergang" ist die Temperatur an der Oberfläche eines Kochguts, weil im Inneren eine reine (instationäre, dreidimensionale) WÄRMELEITUNG vorliegt, die von den vorhandenen Temperaturunterschieden in dem Kochgut bestimmt wird. Bei einer schlechten Wärmeleitung im Kochgut wird sich zunächst eine ungleichmäßige Verteilung der Temperatur einstellen mit den niedrigsten Werten im Inneren. Bei guter Wärmeleitung kommt es zu einer nahezu gleichmäßigen Erwärmung des gesamten Kochguts mit der Zeit. Wie schnell die Erwärmung erfolgt, hängt von der Stärke des Wärmeübergangs in das Kochgut ab.

Die einfache Energiebilanz in diesem Zusammenhang lautet: Die über die Oberfläche in das Kochgut pro Zeit einfließende Energie entspricht der pro Zeit im Kochgut zusätzlich gespeicherten Energie. Diese zusätzliche Energiespeicherung erfolgt sensibel, d. h. über eine Temperaturerhöhung, deren Stärke maßgeblich von der (spezifischen) Wärmekapazität des Kochguts beeinflusst wird.

Wie stark der Wärmeübergang in das Kochgut ist, hängt von den Verhältnissen um das Kochgut herum ab. Prinzipiell befindet es sich in einer zunächst ruhenden Flüssigkeit in dem (geschlossenen) Kochtopf. Die Erwärmung der Flüssigkeit über den Boden des Kochtopfs führt zu schwachen Bewegungen der Flüssigkeit im Kochtopf, was als NATÜRLICHE KONVEKTION bezeichnet wird. Damit liegt dann an der Oberfläche des Kochguts ein KONVEKTIVER WÄRMEÜBERGANG vor, der aber wegen der relativ geringen Strömungsgeschwindigkeiten nicht viel stärker ist als der Wärmeübergang bei reiner Wärmeleitung.

Ein Kochvorgang wird umso schneller beendet sein, je früher im Inneren die Mindesttemperatur erreicht wird, aber auch, je höher danach das erreichte Temperaturniveau ist. Dabei kann davon ausgegangen werden, dass eine Erhöhung des Temperaturniveaus um 10 °C die Geschwindigkeit, mit der die biochemischen Reaktionen ablaufen, etwa um den Faktor 2 bis 3 erhöht.[1] Beide Aspekte werden durch die Dampfdruck-Kochtopf-Methode positiv beeinflusst. In dem geschlossenen Innenraum des Dampfdruck-Kochtopfs herrscht nicht mehr ein

[1]Dies ist die sog. van't Hoffsche RGT-Regel, die einen Zusammenhang zwischen der Reaktionsgeschwindigkeit und der Temperatur durch den $Q_{10}$-Wert darstellt. Dieser entspricht dem Verhältnis der Reaktionsgeschwindigkeiten bei einer Temperatur $T + 10\,°\text{C}$ und bei der Temperatur $T$. Typische $Q_{10}$-Werte für biochemische Prozesse liegen bei 2 bis 3.

durch die Umgebung aufgeprägter Druck $p_U = 1\,\text{bar}$, der gemäß der DAMPFDRUCKKURVE von Wasser zu einer Siedetemperatur von etwa 100 °C führen würde.

Im geschlossenen Dampfdruck-Kochtopf herrscht vielmehr nach einer Aufwärmphase ein anderer Zustand des Phasengleichgewichts Wasser/Wasserdampf, der bezüglich der Druck- und Temperaturwerte durch die Dampfdruckkurve von Wasser beschrieben ist. Da die Gasphase neben dem Wasserdampf auch noch geringe Mengen Luft enthält, ist für das Phasengleichgewicht der Partialdruck des Wasserdampfs maßgeblich. Dieser bildet mit dem Partialdruck der trockenen Luft den messbaren Systemdruck im geschlossenen Dampfdruck-Kochtopf. Welcher Zustand sich einstellt, hängt von der in Form von Wärme an den Kochtopf übertragenen Energie ab. Eine Kontrolle erfolgt über eine Anzeige, die üblicherweise zwei diskrete Druckstufen vorsieht:

(1) Stufe 1: $p = 1{,}4\,\text{bar}$ / $T \approx 110\,°\text{C}$

(2) Stufe 2: $p = 1{,}8\,\text{bar}$ / $T \approx 116\,°\text{C}$

Um zu hohe Drücke zu vermeiden, ist stets ein Sicherheitsventil vorgesehen, das bei einem vorgegebenen Maximaldruck anspricht und für eine Druckentlastung durch das Ausströmen von Wasserdampf sorgt (Vorsicht: Verbrennungsgefahr!).

Die erhöhten Temperaturen im Wasser und damit an der Oberfläche des Kochguts bewirken das frühere Überschreiten der erforderlichen Kerntemperatur und sorgen für insgesamt höhere Temperaturen im Kochgut. Beides führt, wie beschrieben, zu kürzeren Kochzeiten. Dabei ist zu beachten, dass bei solchen Kochvorgängen mit Wasser als Wärmeübertragungsfluid die an der Kochgutoberfläche maximal auftretende Temperatur stets die Siedetemperatur des Wassers ist. Jede weitere Energiezufuhr in Form von Wärme führt zu einem stärkeren Phasenwechsel des Wassers (→ Dampfbildung). Was die Temperatur betrifft, bleibt es bei der Siedetemperatur, die aber mit steigendem Druck im geschlossenen Topf gemäß der Dampfdruckkurve zunimmt.

Problematisch kann die Benutzung des Dampfdruck-Kochtopfs werden, wenn der Kochvorgang unterbrochen werden soll, damit weitere Zutaten hinzugegeben werden können. Dazu wird der Dampfdruck durch Abkühlen unter einem kalten Wasserstrahl soweit reduziert, dass der Deckel nahezu drucklos entfernt werden kann. In der Nähe des Topfbodens, z. B. in der Erbsensuppe, herrschen aber noch die hohen Temperaturen der Hochdruckphase, so dass dort eine rege Bildung von Dampf auftritt, der dann unter der Wirkung von Auftriebskräften aufsteigt. Damit wird aber der Feststoffanteil in Bodennähe und mit Bodenkontakt deutlich vergrößert. Wird jetzt der Deckel wieder geschlossen, um erneut den hohen Druck aufzubauen, findet der Wärmeübergang am Boden in eine weitgehend aus Feststoffen bestehende Schicht statt. Für diese gibt es aber keine Temperaturbegrenzung wie für die Flüssigkeit im Sinne der Dampfdruckkurve (die Phasengleichgewichtstemperatur ist durch den Druck bestimmt), und es kommt zu so hohen Temperaturen, dass z. B. die Erbsensuppe anbrennt.

Eine Gegenmaßnahme besteht darin, vor dem erneuten Schließen des Deckels durch Umrühren wieder für einen hinreichend hohen Flüssigkeitsanteil in unmittelbarer Bodennähe zu sorgen.

## 22 Das Phänomen: Den Kaffee möglichst heiß trinken

Es soll ja vorkommen, dass man sich gerade eine Tasse Kaffee gekocht hat, die man möglichst heiß trinken möchte, und ein Telefonanruf genau das verhindert. Da der Kaffee endgültig mit Milch getrunken werden soll, stellt sich jetzt die Frage: Die (kalte) Milch gleich in den Kaffee geben und dann telefonieren, oder besser einige Minuten warten und die Milch erst kurz vor dem Trinken zugeben. Wann ist der Kaffee beim Trinken heißer?

**Bild 22.1:** Ein frisch gekochter Kaffee und Milch, die darauf wartet, in den Kaffee gegeben zu werden

## ...und die Erklärung

Mit der Zugabe von kalter Milch in den heißen Kaffee sinkt die Temperatur, unabhängig davon, wann dies geschieht. Die Frage besteht aber, ob es vorteilhafter ist, die Temperatur vor oder nach dem Telefongespräch abzusenken. Ein wichtiger Aspekt ist dabei, dass während der Wartezeit (Telefongespräch) dann ein unterschiedliches Temperaturniveau vorliegt. Es ist niedriger, wenn die Milch vor der Wartezeit eingegeben wird. Und genau das könnte von Vorteil sein, weil die Abkühlung am Ende der Wartezeit umso geringer ist, je kleiner die Temperaturdifferenz zwischen Getränk und Umgebung war. Ein frühzeitiges Zugeben der Milch würde damit zu geringeren Verlusten an die Umgebung führen, so dass der Kaffee dann entsprechend heißer wäre als im anderen Fall.

Die Formulierung im Konjunktiv lässt schon erahnen, dass dies noch nicht "die ganze Wahrheit" ist. Bei einer genaueren Analyse stellt sich nämlich heraus, dass es weitere Effekte gibt, die für die Beurteilung der Situation berücksichtigt werden müssen. Diese können hier allerdings

© Springer Fachmedien Wiesbaden GmbH, ein Teil von Springer Nature 2018
H. Herwig, *Ach, so ist das?*, https://doi.org/10.1007/978-3-658-21791-4_22

nicht im Einzelnen dargestellt werden (wohl aber in dem im Vorwort erwähnten ausführlicheren Buch "Ach, so ist das!").

Dieses Beispiel stellt damit nicht nur ein unerwartetes Alltagsphänomen dar, sondern zeigt, dass eine physikalische Erklärung zu kurz greift, wenn wesentliche (aber zunächst nicht naheliegende Aspekte) außer Acht gelassen werden.

Das Ergebnis der genaueren Analyse sei aber "verraten": In der Tat sollte man die Milch gleich zu Anfang dazugeben.

Das nachfolgende Experiment zeigt, dass dies offensichtlich stimmt.

## Ein einfaches Experiment

Um die vorherigen Ausführungen an der Realität zu überprüfen, ist in einem einfachen Experiment ohne allzu große Ansprüche an die Genauigkeit bzw. die allgemeine Versuchsdurchführung der Vergleich zwischen beiden Kaffee/Milch Varianten untersucht worden.

Dazu sind zwei dünnwandige Kunststoff-Becher mit zylindrischer Form unterschiedlich gefüllt worden, und zwar:

(a) Zum Zeitpunkt $t = 0$ mit 100 ml heißem Wasser und 15 Minuten später mit weiteren 100 ml aber kaltem Wasser (Dies ist die Variante "Milch später zugeben")

(b) Zum Zeitpunkt $t = 0$ mit 100 ml heißem und 100 ml kaltem Wasser (Dies ist die Variante "Milch sofort zugeben")

Bild 22.2 zeigt die zeitlichen Temperaturverläufe für beide Fälle, wobei das heiße Wasser anfangs ca. 73 °C und das kalte Wasser ca. 23 °C als Ausgangstemperatur besaßen.

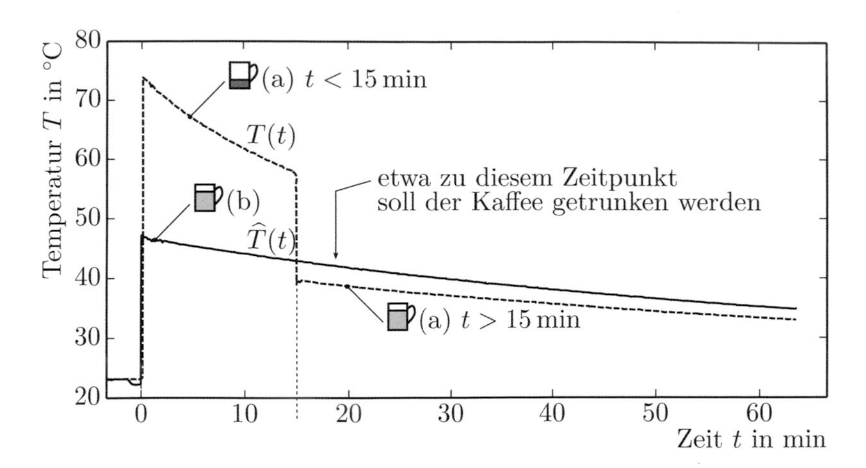


**Bild 22.2:** Gemessene zeitliche Temperaturverläufe der alternativen Fälle

Fall (a): Milch später zugeben (hier: Wasser)

Fall (b): Milch sofort zugeben (hier: Wasser)

Im Fall (a) reduzierte sich die Temperatur während der ersten 15 min deutlich auf ca. 58 °C. Nach Zugabe des kalten Wassers stellte sich eine mittlere Temperatur von $(58\,°\mathrm{C} + 23\,°\mathrm{C})/2 \approx 40\,°\mathrm{C}$ ein, die dann im weiteren Verlauf langsam abnahm.

Im Fall (b) wurde gleich zu Anfang eine Temperatur von ca. $(73\,°\mathrm{C} + 23\,°\mathrm{C})/2 = 48\,°\mathrm{C}$ erreicht, die dann kontinuierlich mit der Zeit abnahm. Folgende Effekte sind deutlich erkennbar:

- Das heiße Fluid kühlt in den ersten 15 min deutlich schneller ab als das mittelwarme, da die treibenden Temperaturdifferenzen zur Umgebung ($T_{\mathrm{Umg}} \approx 23\,°\mathrm{C}$) deutlich größer sind.

- Nach Zugabe des kalten Fluids ist die Temperatur im Fall (a) bei $t = 15$ min deutlich niedriger als im Fall (b).

- Für sehr lange Zeiten kühlt das Fluid im Fall (b) etwas schneller ab als im Fall (a), offensichtlich weil jetzt im Fall (b) die treibende Temperaturdifferenz gegenüber der Umgebung (etwas) größer ist als im Fall (a) für $t > 15$ min.

**23** **Das Phänomen:** Teeblätter sammeln sich nach dem Umrühren in der Mitte des Tassenbodens

Wenn man Tee mit dem Löffel in einer Teetasse umrührt, so verwirbelt man die feinen Teeblättchen zunächst sehr stark. Nimmt man dann den Teelöffel heraus und überlässt den Tee sich selbst, so erkennt man, markiert durch die Teeblätter, eine Rotationsbewegung, die allmählich abklingt. Dabei sinken die Teeblätter auf den Tassenboden und sammeln sich dabei immer mehr im Zentrum des Bodens. Wenn die Bewegung des Teewassers endgültig abgeklungen ist, finden sich alle Teeblätter schön vereint im Zentrum des Teetassenbodens.

**Bild 23.1:** Teeblätter sammeln sich auf dem Tassenboden

## ...und die Erklärung

Die Erklärung ist wohl nicht ganz trivial, weil sogar der berühmte Physiker Erwin Schrödinger (Nobelpreis 1933) den bestimmt nicht weniger berühmten Albert Einstein (Nobelpreis 1922) bemühen musste, um seiner Frau zu erklären, was in ihrer Teetasse geschieht. In den *Letters on Wave Mechanics* ist nachzulesen, wie sich Schrödinger am 23. April 1925 bei Einstein bedankt:

> It just happens that my wife had asked me about the "teacup phenomenon" a few days earlier, but I did not know a rational explanation. She says that she will never stir her tea again without thinking of you.[1]

[1]Zitiert aus: Ghose, P.; Home, D. (1994): Riddles in your teacup, Institute of Physics Publishing, Dirac House, Temple Back, Bristol, UK

© Springer Fachmedien Wiesbaden GmbH, ein Teil von Springer Nature 2018
H. Herwig, *Ach, so ist das?*, https://doi.org/10.1007/978-3-658-21791-4_23

(Gerade vor ein paar Tagen hat mich meine Frau nach dem "Teetassen-Phänomen" gefragt, aber ich konnte es ihr nicht vernünftig erklären. Sie sagt, dass sie ihren Tee nie wieder umrühren wird, ohne an Sie zu denken.)

Einsteins Erklärung, die hier nicht wörtlich zitiert werden soll, läuft darauf hinaus, dass durch die Reibungskräfte an der Tassenwand und insbesondere am Tassenboden in der Tasse eine sog. Sekundärströmung entsteht, die der Rotationsbewegung des Teewassers überlagert ist und in Bodennähe eine auf die Rotationsachse hin gerichtete Strömungskomponente aufweist. Diese ins Zentrum gerichtete Strömungskomponente führt letztlich dazu, dass die Teeblätter zur Tassenmitte bewegt werden und sich dann unter der Wirkung der Schwerkraft in der Bodenmitte ansammeln. Eine alternative Erklärung bezieht die sog. Strömungsgrenzschicht am Tassenboden ein. In dieser Grenzschicht erfahren die Teeblättchen Druckkräfte, die sie zur Tassenmitte hin bewegen.

**Das Phänomen:** Eine geschüttelte Mineralwasser-Flasche steht unter hohem Druck - und andere Effekte von gelöstem Kohlendioxid

Eine (all)tägliche Erfahrung beim Öffnen einer Mineralwasser-Flasche ist das zischende Geräusch aufgrund des offensichtlich hohen Drucks in der Flasche, besonders wenn diese zuvor geschüttelt worden ist. Das gelöste Kohlendioxid perlt dann sehr heftig aus. Sehr viel moderater läuft dieser Vorgang bei Sekt in einem Sektkelch ab, wobei bestimmte Gläser sogar die Eigenschaft haben eine "Perlenschnur" von aufsteigenden Bläschen zu erzeugen.

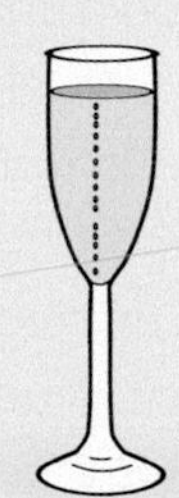

**Bild 24.1:** Eine aufsteigende "Perlenschnur" im Sektkelch

## ...und die Erklärung

Um aus stillem Wasser "prickelndes Mineralwasser" zu erzeugen, wird diesem unter hohem Druck Kohlendioxid ($CO_2$) zugesetzt. Dieses $CO_2$ ist zunächst gasförmig, löst sich aber bis zu einer bestimmten (druck- und temperaturabhängigen) Konzentration im Wasser und wird damit Teil der Flüssigkeit. Typische Werte des Sättigungsgehalts liegen abhängig vom Druck und der Temperatur bei zwei bis acht Gramm $CO_2$ pro Liter Wasser (g/l).

In diesem Sättigungszustand besteht ein Gleichgewicht zwischen der Flüssigkeit (mit gelöstem $CO_2$) und dem $CO_2$-Gas über der Flüssigkeitsoberfläche, wobei genauso viele $CO_2$-Moleküle über die Oberfläche ein- wie austreten. Die (Sättigungs)Konzentration des $CO_2$ im Wasser bleibt damit unverändert.

Bei einer geschlossenen Mineralwasser-Flasche ist die Temperatur durch die Umgebung vorgegeben, der Druck in der Flasche stellt sich

© Springer Fachmedien Wiesbaden GmbH, ein Teil von Springer Nature 2018
H. Herwig, *Ach, so ist das?*, https://doi.org/10.1007/978-3-658-21791-4_24

aber im Sinne des Sättigungsgleichgewichts in Bezug auf das $CO_2$ ein: Es gast so viel $CO_2$ in den kleinen Gasraum über der Flüssigkeit aus, dass sich dort der Druck einstellt, der zur aktuellen Gleichgewichtssituation gehört. Bei einer (Umgebungs-)Temperatur von 18 °C und einem anfänglich vorgegebenen $CO_2$-Gehalt von 7 g/l im Mineralwasser beträgt dieser Druck etwa 3,8 bar. Dieser Gleichgewichtsdruck stellt sich aber nur sehr langsam ein, man muss in der Tat mehrere Wochen (!) warten, bis nach dem Schließen der Flasche ein neuer Gleichgewichtszustand erreicht ist. Deutliche Druckerhöhungen treten aber schon relativ kurz nach dem Schließen der Flasche auf.

Dieser Überdruck äußert sich beim Öffnen einer Flasche durch ein deutliches Zischen. Danach herrscht über und im Mineralwasser der Umgebungsdruck. Gemessen an diesem Druck ist aber zu viel $CO_2$ im Wasser gelöst, die Flüssigkeit ist übersättigt und $CO_2$ gast sehr schnell aus. Dieses Ausgasen geschieht aber nur zum geringen Teil an der freien Oberfläche. Hauptsächlich geschieht dies, indem sich in der Flüssigkeit $CO_2$-Gasblasen bilden, die dann unter der Wirkung von Auftriebskräften aufsteigen. Die Beobachtung zeigt, dass sich solche Blasen fast ausschließlich an den Wänden bilden und dort offensichtlich auch nur an bestimmten Stellen. Der Grund hierfür ist, dass die Blasenentstehung sogenannte Keimstellen benötigt, die häufig durch Unregelmäßigkeiten in der Wandoberfläche gegeben sind, d. h. durch geringe Oberflächenfehler wie Kratzer oder Ablagerungen. Diese sind häufig so klein, dass sie für uns nicht direkt sichtbar sind.

Damit wird auch deutlich, wie eine aufsteigende "Perlenschnur" im Sektglas erzeugt werden kann: Die Glaswand muss sehr glatt und möglichst ohne Fehlstellen sein. Eine bewusst eingebrachte Fehlstelle als Oberflächen-Keimstelle initiiert dann die Bildung von $CO_2$-Gasblasen, die nacheinander aufsteigen. Wie dicht die Perlenkette besetzt ist, hängt davon ab, bei welchem Blasenradius die Gasblasen von der Wand abreißen und wie schnell sie dort wachsen. Ein solcher "Perlenschnur-Effekt" kann bisweilen auch bei Mineralwasser in einem normalen Glas beobachtet werden, dann aber mehr oder weniger zufällig dort, wo entsprechende Keimstellen vorhanden sind.

**25** **Das Phänomen:** Eine sehr kalte Mineralwasser-Flasche gefriert nach dem Öffnen sehr schnell und offensichtlich vollständig

Wenn eine Mineralwasser-Flasche in einer frostigen Nacht draußen gestanden hat, ist zunächst erstaunlich, dass trotz "hoher Minusgrade" das Mineralwasser noch flüssig sein kann.
Wenn man die Flasche dann aber öffnet, geschieht etwas vielleicht noch Unerwarteteres: Das Mineralwasser gefriert, ein Vorgang, der meist oben in der Flasche beginnt und sich dann nach unten fortsetzt, bis der gesamte Flascheninhalt zu Eis erstarrt ist.
Unter dem Stichwort "Wasser zu Eis" findet man im Internet Videos, die dies eindrucksvoll zeigen.

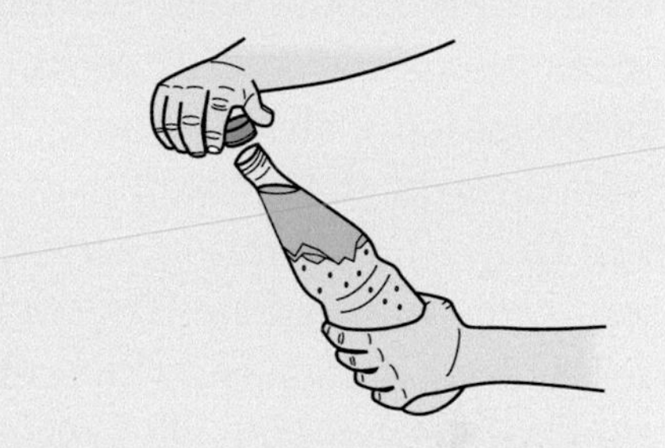

**Bild 25.1:** Nach dem Öffnen der "eiskalten" Flasche gefriert das darin enthaltene Mineralwasser in kurzer Zeit

## ...und die Erklärung

Bekanntlich gefriert Wasser unter Umgebungsdruck bei etwa 0 °C. Da Mineralwasser nur geringe Zusätze an Mineralien und gelösten Gasen enthält, ist nicht zu erwarten, dass dies für Mineralwasser erheblich anders ist.

Wenn nun das Mineralwasser in der frostigen Umgebung auf Werte zwischen −10 °C und −20 °C abgekühlt werden kann, ohne dass der Flascheninhalt gefriert, so liegt eine Situation vor, in der das Mineralwasser "eigentlich schon gefroren sein müsste"!

Thermodynamiker nennen diesen Zustand *metastabil* und das Mineralwasser *unterkühlt*. Der Grund für diesen metastabilen Zustand liegt

© Springer Fachmedien Wiesbaden GmbH, ein Teil von Springer Nature 2018
H. Herwig, *Ach, so ist das?*, https://doi.org/10.1007/978-3-658-21791-4_25

im Fehlen von sog. *Gefrierkeimen*, die für den Beginn des Kristallisationsprozesses (Gefrieren) stets erforderlich sind.

Wenn nun die Flasche geöffnet wird, sinkt der darin vorhandene relativ hohe Druck (einige bar Überdruck, s. dazu das Phänomen Nr. 24 zum Thema Kohlendioxid im Mineralwasser) plötzlich ab. Diese Druckabsenkung ist aber nicht die eigentliche Ursache für den plötzlich einsetzenden Gefriervorgang. Sie bewirkt vielmehr ein Ausgasen von Kohlendioxid ($CO_2$), weil jetzt über der Flüssigkeitsoberfläche eine andere $CO_2$-Konzentration herrscht (nach dem Öffnen der Flasche ist das gasförmig vorhandene $CO_2$ weitgehend in die Umgebung entwichen). Bei diesem Ausgasen bilden sich zunächst in der Nähe der Oberfläche Gasbläschen, die als Gefrierkeime wirken. Der damit einsetzende Gefrierprozess bildet an seiner Front zwischen Eis und Wasser selbst genügend Keime aus, so dass diese Front dann durch das gesamte Wasser nach unten läuft und weitere Flüssigkeit erstarren lässt.

Dass die Druckabsenkung durch das Öffnen der Flasche nicht die direkte Ursache für den Erstarrungsbeginn ist, wird daran deutlich, dass der Vorgang der Erstarrung auch durch eine starke Erschütterung oder das Verformen von Kunststoff-Flaschen jeweils im geschlossenen Zustand ausgelöst werden kann. Die Erstarrung beginnt dann stets an der jeweiligen "Störstelle", an der es zur Keimbildung kommt.

# Teil III: Reisen & Freizeit

**Hinweis**: Wichtige Begriffe sind in einem Glossar am Ende des Buchs erläutert. Im Text zu den einzelnen Phänomenen sind die auf diese Weise behandelten Begriffe durch sog. KAPITÄLCHEN hervorgehoben (Schreibweise in Großbuchstaben).

**26** **Das Phänomen:** Auftriebserzeugung an einem Flugzeug-Tragflügel

Verschiedene Aspekte bezüglich der Geometrie von Tragflügeln lassen vermuten, dass sie für die Auftriebserzeugung von Bedeutung sind. Die wesentlichen Aspekte sind

- die Flügeldicke,
- die Flügelwölbung,
- der Flügel-Anstellwinkel,
- die runde Vorderkante,
- die scharfe Hinterkante.

Welche Rolle spielen diese Aspekte für die Erzeugung des Auftriebs an einem Tragflügel?

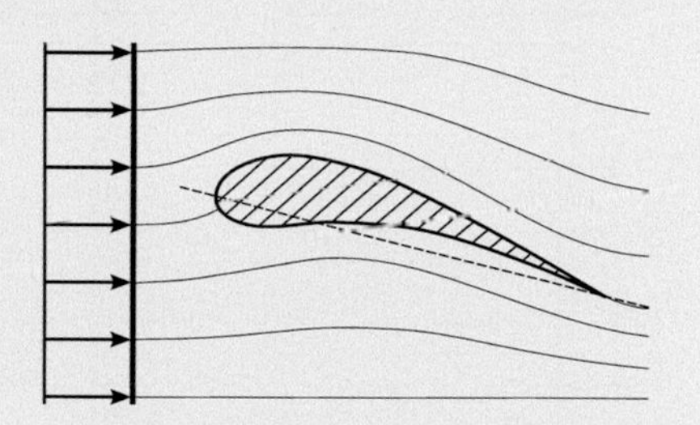

**Bild 26.1:** Stromlinienbild um einen typisch geformten und angestellten Tragflügel

# ...und die Erklärung

Zunächst soll gesagt werden, was genau der Auftrieb an einem Tragflügel ist: Es handelt sich um die Komponente $F_{\mathrm{A}}$ der Gesamtkraft, die in einer Strömung auf den Tragflügel senkrecht zur ungestörten Anströmung wirkt. Die zweite Komponente (in Strömungsrichtung) ist die Widerstandskraft $F_{\mathrm{W}}$.

Um die prinzipielle Wirkungsweise eines auftriebserzeugenden Tragflügels zu erklären, sind weder die endliche Dicke noch die Wölbung noch die runde Vorderkante erforderlich. Die entscheidenden Aspekte sind der Anstellwinkel und die scharfe Hinterkante. Dies kann damit an einer beliebig dünnen ebenen Platte demonstriert werden, die aus der Anströmrichtung heraus angestellt wird, s. dazu Bild 26.2.

© Springer Fachmedien Wiesbaden GmbH, ein Teil von Springer Nature 2018
H. Herwig, *Ach, so ist das?*, https://doi.org/10.1007/978-3-658-21791-4_26

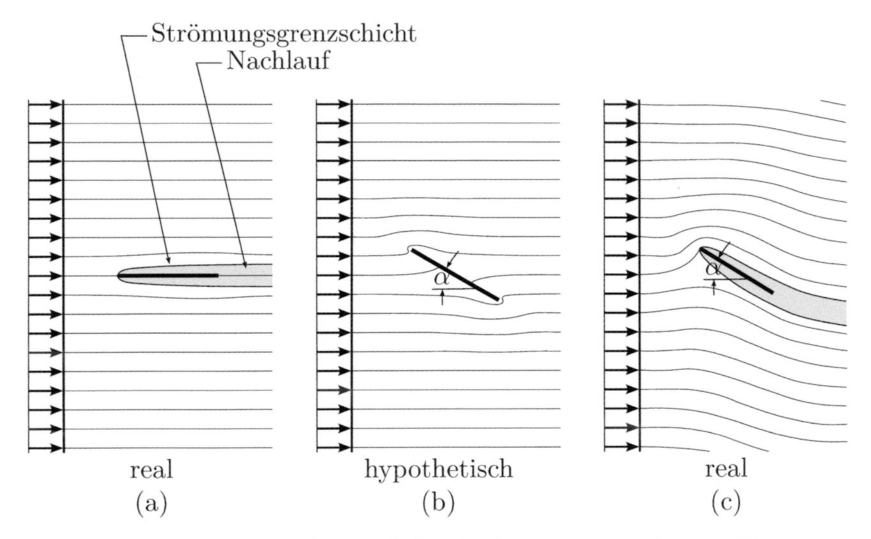


**Bild 26.2:** Erzeugung einer Auftriebskraft $F_A$ mit einer ebenen Platte bei einem Anstellwinkel $\alpha$

| | | | |
|---|---|---|---|
| (a) | $\alpha = 0$ | Grenzschichtausbildung | $F_A = 0$ |
| (b) | $\alpha > 0$ | keine Grenzschicht | $F_A = 0$ |
| (c) | $\alpha > 0$ | Grenzschichtausbildung | $F_A > 0$ |

Ein Auftrieb entsteht prinzipiell durch eine ungleiche Druckverteilung auf der Ober- und Unterseite des Tragflügels, wobei die Druckkraft auf die Unterseite größer sein muss als diejenige auf die Oberseite (genauer: jeweils die Komponenten senkrecht zur Anströmung). Dieser Kraft auf den Tragflügel entspricht eine Reaktionskraft auf das Fluid, durch die die Luft nach unten abgelenkt wird.

Im Teilbild 26.2(a) ist eine nicht angestellte Platte gezeigt ($\alpha = 0$). Für diesen symmetrischen Fall muss die Druckverteilung auf beiden Seien gleich sein, so dass kein Auftrieb erzeugt wird ($F_A = 0$). Wichtig für das Verständnis ist aber, dass sich an der Platte eine Strömungsgrenzschicht ausbildet, die sich als reibungsbehafteter Nachlauf hinter der Platte fortsetzt.

Im Teilbild (b) ist der Anstellwinkel positiv ($\alpha > 0$), es ist aber der hypothetische Fall unterstellt worden, dass es keine Reibungseffekte gibt und dass sich damit auch keine Grenzschicht ausbildet. Einen solchen Fall kann man nicht beobachten, aber man kann ihn berechnen:

Als Ergebnis findet man ein Stromlinienfeld, welches punktsymmetrisch um die Plattenmitte ist. Dies führt zu Druckverteilungen auf den beiden Seiten, die keinen Auftrieb (aber ein Drehmoment um die Plattenmitte) ergeben. Die Strömung ist unrealistisch, da in der Realität stets Grenzschichten vorhanden sind. Besonders unrealistisch erscheint im Ergebnis aber die im Bild durch die Stromlinien angedeutete Umströmung der Hinterkante.[1] Diese tritt in der Tat im realen Fall bei hohen Geschwindigkeiten nicht auf. Offensichtlich ist dies auf die Grenzschichten zurückzuführen, die sich an der Hinterkante zu einem gemeinsamen Nachlauf vereinen, ohne die scharfe Hinterkante zu umströmen.

Im Teilbild (c) ist der reale Fall für einen positiven Anstellwinkel gezeigt. An der Hinterkante liegt jetzt ein sog. *glattes Abströmen* vor, d. h. keine Umströmung der Hinterkante. Die Punktsymmetrie des Strömungsfeldes ist damit nicht mehr gegeben und es stellen sich auf beiden Seiten der Platte Druckverteilungen ein, die zu endlichen Auftriebskräften $F_A > 0$ führen.

Übrigens: Wenn man die Bedingung des glatten Abströmens auch in die reibungslose Strömung bzw. deren Lösung übernimmt (bekannt als Kutta-Joukowski-Bedingung), dann entsteht auch in dieser Lösung eine Auftriebskraft $F_A > 0$.

Bezüglich der bisher vernachlässigten Effekte gilt Folgendes:

**Flügeldicke**: Diese kann durchaus erheblich sein, ohne dass sie als solche direkt zum Auftrieb beiträgt. Sie eröffnet aber die Möglichkeit, die Ober- und Unterseite des Tragflügels unabhängig voneinander geometrisch zu formen und damit aerodynamisch zu optimieren. Ein zusätzlicher Aspekt ist, dass sich oftmals Treibstofftanks und andere Einbauten in den Flügeln befinden. Dies nicht nur, um im Rumpf den Platz anderweitig nutzen zu können, sondern auch aus dem Gesichtspunkt der Gewichtsverteilung heraus: Wären die Tanks nur im Rumpf, müssten die Flügelanbindungen an den Rumpf diese Gewichtskraft noch zusätzlich aufnehmen, wobei das Treibstoffgewicht bis zu einem Drittel des Startgewichts ausmachen kann. Dass Flügeldicken

[1] Dasselbe gilt für die Vorderkante, aber: Im realen Fall ist die Hinterkante scharfkantig, die Vorderkante aber abgerundet, so dass hier nur die Hinterkante betrachtet wird.

erhebliche Ausmaße annehmen können, zeigt der Airbus A380. Dort ist die gesamte Klimazentrale mit den Abmessungen eines Würfels der Kantenlänge 2 m in einer Tragfläche untergebracht.

**Flügelwölbung**: Diese Maßnahme trägt direkt zur Erhöhung des Auftriebs bei, wie man sich an der Wölbung einer Platte ohne Anstellwinkel veranschaulichen kann. Bild 26.3 zeigt, dass durch die Wölbung in der Nähe des Tragflügels gekrümmte Stromlinien entstehen. Fluidteilchen auf solchen gekrümmten Bahnen unterliegen Zentrifugalkräften, die im Sinne des Kräftegleichgewichts stets durch Druckkräfte kompensiert werden. Damit entstehen Druckgradienten quer zu den Stromlinien, wobei der Druckanstieg stets in Richtung des Krümmungsradius erfolgt. Dies ist in Bild 26.3 eingezeichnet. Da weit oberhalb und unterhalb des Tragflügels das einheitlich gleiche Druckniveau herrscht (○), entsteht unter dem Flügel ein Überdruck (⊕) und über dem Flügel ein Unterdruck (⊖). Genau diese Druckverteilung führt aber zum Auftrieb. Prinzipiell stellt das Segel eines Segelbootes einen solchen gewölbten Flügel ohne nennenswerte Flügeldicke dar. Der am Segel erzeugte Auftrieb muss mit einer möglichst großen Komponente zum Vortrieb des Bootes genutzt werden. Bild 26.4 verdeutlicht, dass man auf diese Weise zwar "hoch am Wind" segeln kann (kleiner Winkel $\beta$), niemals jedoch gegen den Wind ($\beta = 0$).

**Runde Vorderkante**: Ein Tragflügel mit einer scharfen Vorderkante und entsprechender Wölbung kann für einen bestimmten Anstellwinkel ein Strömungsfeld erzeugen, bei dem die scharfe Vorderkante nicht umströmt wird, weil der vordere Staupunkt an der Vorderkante liegt. Ein

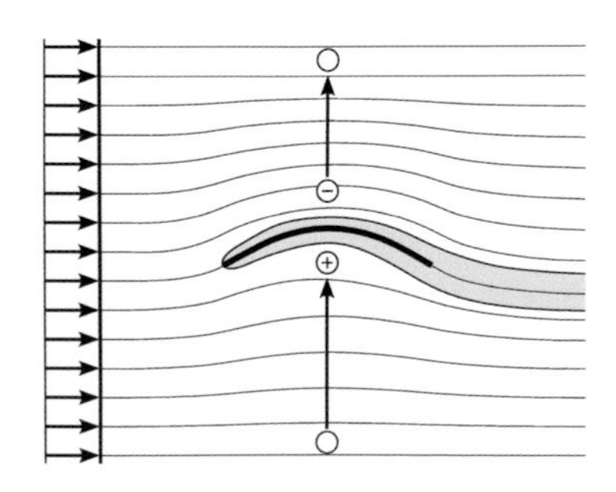

**Bild 26.3:** Prinzipielle Entstehung von Über- und Unterdrücken am Tragflügel aufgrund gekrümmter Stromlinien. Die Pfeile zeigen die Richtung an, in der ein Druckanstieg vorliegt.

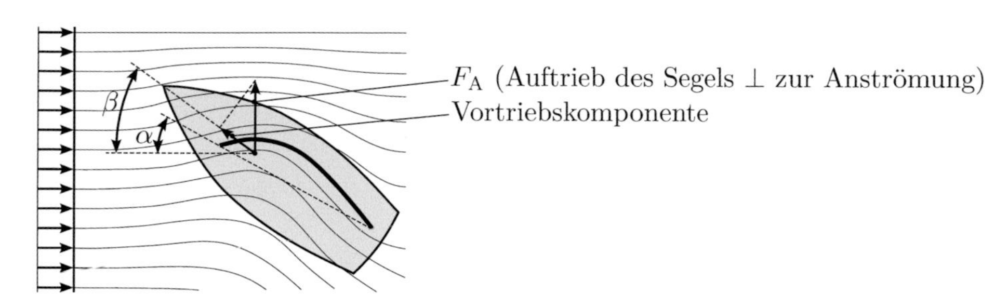


**Bild 26.4:** Vortriebserzeugung mit Hilfe des Auftriebs an einem gewölbten Segel

$\alpha$: Anstellwinkel des Segelboots (bezogen auf die Anströmung)
$\beta$: Winkel zwischen der Wind- und der Fahrtrichtung

anderer Anstellwinkel würde aber die Umströmung der Vorderkante erfordern. Dies ist (wie bei der Hinterkante) nicht möglich und wird damit zwangsläufig zur Strömungsablösung führen. Bei einer runden Vorderkante liegt für die Strömung in der Nähe des Staupunkts aber stets eine Wandgeometrie vor, die keine extremen Krümmungen aufweist und damit eine Strömungsablösung im vorderen Flügelbereich vermeidet.
Insgesamt dürfte deutlich geworden sein, dass die Auftriebserzeugung an Tragflügeln ein durchaus komplexer Vorgang ist. Einfache Erklärungen wie z. B. "der Weg für die Strömung auf der oberen Seite ist weiter und deshalb strömen die Fluidteilchen dort mit größerer Geschwindigkeit" sind deshalb wenig hilfreich und fast immer falsch. Im konkreten Fall würde dies nämlich unterstellen, dass Fluidteilchen, die sich an der Vorderkante trennen, zur gleichen Zeit an der Hinterkante ankommen müssten. Dies ist aber nicht der Fall, sondern es können erhebliche Unterschiede in der Zeit auftreten, die wandnahe Fluidteilchen auf der Ober- und Unterseite benötigen, um in den Bereich der Hinterkante zu gelangen.

**27** **Das Phänomen:** Flugzeuge starten und landen mit vielen "Zusatzflügeln", mit denen die Tragflächen vergrößert werden

Wer schon einmal im Flugzeug so gesessen hat, dass er auf eine der beiden Tragflächen schauen konnte, wird sich vielleicht gewundert haben, wie diese sich im Landeanflug verändert. Sowohl an der Vorderkante als auch im hinteren Bereich werden zusätzliche kleinere Flügel ausgefahren. Sie vergrößern die insgesamt vorhandene Tragfläche, geben aber zusammen mit dem eigentlichen Hauptflügel ein geradezu verwirrendes Bild ab.

**Bild 27.1:** Blick aus der Kabine auf eine Tragfläche bei der Landung

## ...und die Erklärung

Die Aufgabe der Tragflügel ist es, genügend Auftrieb zu erzeugen, um sowohl im Reiseflug als auch in der Start- und Landephase die Gewichtskraft zu kompensieren. Der entscheidende Unterschied zwischen dem Reiseflug mit dem einfachen Tragflügel und der Start- und Landephase mit ausgefahrenen "Zusatzflügeln" besteht in der Geschwindigkeit, die das Flugzeug jeweils besitzt. Wie anschließend gezeigt wird, hat diese Geschwindigkeit einen entscheidenden Einfluss auf die Auftriebserzeugung. Typische Werte für ein modernes Passagierflugzeug sind etwa 200 km/h für die Start- und Landephase sowie 800 km/h für den Reiseflug.

Um mit einem bestimmten Tragflügel den Auftrieb zu erhöhen, gibt es prinzipiell drei Möglichkeiten:

(1) Die Anströmgeschwindigkeit in Bezug auf den Tragflügel wird erhöht. Diese Anströmgeschwindigkeit entspricht der Geschwindigkeit, die das Flugzeug gegenüber der ruhenden Luft besitzt.

© Springer Fachmedien Wiesbaden GmbH, ein Teil von Springer Nature 2018
H. Herwig, *Ach, so ist das?*, https://doi.org/10.1007/978-3-658-21791-4_27

Die Auftriebskraft $F_\mathrm{A}$ erhöht sich dabei mit dem Quadrat der Anströmgeschwindigkeit $u_\infty$. Es gilt also

$$F_\mathrm{A} = C\, u_\infty^2 \tag{27.1}$$

In dieser Gleichung ist $C$ eine tragflächenspezifische Konstante.

(2) Der Anstellwinkel des Tragflügels wird erhöht, indem das Flugzeug als Ganzes um die Querachse angestellt wird.

(3) Die Flügelgeometrie wird verändert, was durch die beschriebenen zusätzlichen kleineren Flügel geschieht. Dabei handelt es sich um sog. Vorflügel und Klappen.

Gleichung (27.1) zeigt, dass die beiden letztgenannten Maßnahmen zu einer Erhöhung der tragflächenspezifischen Konstanten $C$ führen müssen, wenn sowohl in der Start- und Landephase als auch im Reiseflug ungefähr derselbe Auftrieb erzeugt werden soll. Da sich in diesen beiden Situationen typische Geschwindigkeitswerte etwa um den Faktor 4 unterscheiden (800 km/h gegenüber 200 km/h), muss die Konstante $C$ also in der Start- und Landephase etwa 16-mal so groß sein wie im Reiseflug. Dies wird tatsächlich durch die kombinierten Maßnahmen der Anstellwinkelerhöhung und Formveränderung der Tragflügel durch das Ausfahren von Vorflügeln und Klappen sowie durch die größere Dichte in niedrigen Höhen erreicht.

**28** **Das Phänomen:** Auch hinter vierstrahligen Flugzeugen sind in größerer Entfernung immer nur zwei Kondensstreifen zu sehen

Schaut man bei wolkenlosem Himmel Flugzeugen hinterher, so kann man häufig Kondensstreifen beobachten, die offensichtlich hinter den Triebwerken entstehen. Aber: Auch bei vierstrahligen Flugzeugen verbleiben in einer gewissen Entfernung und dann oftmals für sehr lange Zeit nur zwei nebeneinanderliegende Kondensstreifen, was zunächst merkwürdig erscheint.

**Bild 28.1:** Zwei Kondensstreifen hinter vierstrahligen Flugzeugen

## ...und die Erklärung

Kondensstreifen bilden sich, wenn die Abgase aus den Triebwerken in der kalten Umgebung in großer Flughöhe soweit abgekühlt sind, dass sich fein verteilte Eiskristalle bilden, die wie künstliche Wolken im Sonnenlicht sichtbar werden. Etwa eine Flugzeuglänge hinter den Triebwerken sind dann vier einzelne weiße Strahlen erkennbar, die aus den vier Triebwerken z. B. eines Airbus A340 oder einer Boing 747 stammen.

In deutlich größerer Entfernung verbleiben aber nur zwei nebeneinander liegende Strahlen, weil sich die zwei einzelnen Strahlen jeder Seite in den Randwirbel der rechten bzw. linken Tragfläche "eingerollt" haben.

Diese Randwirbel entstehen an den Enden der Tragflächen wie folgt: Zur Erzeugung von Auftrieb sind Tragflügel so geformt, dass ihre Umströmung zu einer ungleichen Druckverteilung auf der Ober- und Unterseite führt. Ein hoher Druck auf der Unterseite und ein niedriger Druck auf der Oberseite ergeben den gewünschten aerodynamischen Auftrieb.

© Springer Fachmedien Wiesbaden GmbH, ein Teil von Springer Nature 2018
H. Herwig, *Ach, so ist das?*, https://doi.org/10.1007/978-3-658-21791-4_28

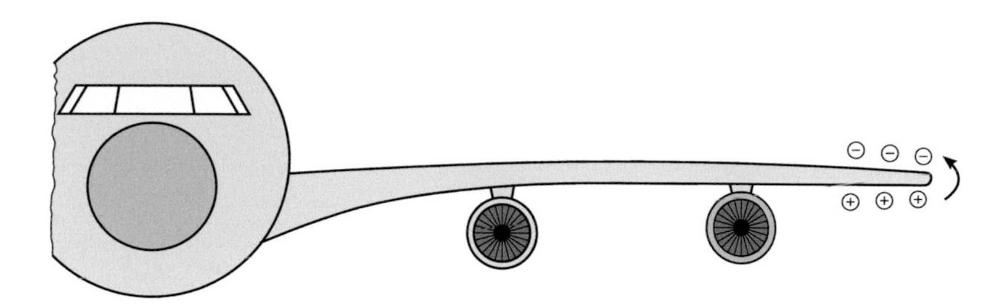

**Bild 28.2:** Die Entstehung von Randwirbeln an den Spitzen auftriebserzeugender Tragflächen

Bild 28.2 zeigt, was an den Flügelenden geschieht: Dort kommt es zu einer weitgehend ungehinderten Umströmung der Flügelspitzen, weil ein entsprechender Druckunterschied ($\oplus \rightarrow \ominus$) vorhanden ist. Zusammen mit der Anströmung des Flügels (aus flügelfester Sicht mit negativer Fluggeschwindigkeit) entsteht dabei ein Wirbel an jeder der beiden Flügelspitzen. Diese weiten sich hinter dem Flugzeug auf, bleiben aber als individuelle Strukturen oftmals für lange Zeit erhalten. Die jeweils zwei Kondensstreifen aus den Triebwerken fallen ihnen allerdings "zum Opfer", sie werden in die Wirbelstrukturen aufgenommen (und machen sie auf diese Weise sichtbar).

Die Randwirbel sind auch dafür verantwortlich, dass Flugzeuge nicht in einer sehr dichten Reihenfolge starten und landen dürfen, weil nachfolgende Maschinen dann in ein stark verwirbeltes Gebiet geraten würden.

Aber auch für das Flugzeug selbst haben die Randwirbel Nachteile. In der Fluidbewegung der Wirbel ist kinetische Energie gebunden, die letztlich durch die Triebwerke aufgebracht werden muss. Damit entsteht aber ein zusätzlicher Widerstand, den man gerne vermeiden möchte. Dies gelingt teilweise durch entsprechende Gegenmaßnahmen an den Flügelspitzen, die je nach geometrischer Form als Winglets, Sharklets oder Wingtips bezeichnet werden. Ein Winglet z. B. stellt ein nach oben gebogenes Flügelende dar. Nach Angabe der Flugzeughersteller kann durch solche Maßnahmen der Treibstoffverbrauch um 3 % bis 5 % gesenkt werden.

**29** **Das Phänomen:** Warum fliegen Verkehrsflugzeuge eigentlich nicht schneller?

Flugzeuge werden mit enormem Aufwand technisch weiterentwickelt und dabei zumindest über die letzten dreißig Jahre gesehen immer größer, leiser, spritsparender, vielleicht sogar komfortabler, aber nicht schneller. Dabei wäre dies den Nutzern bestimmt einiges wert, wenn z. B. ein Flug von Frankfurt nach San Francisco nicht mehr elf Stunden dauern würde.

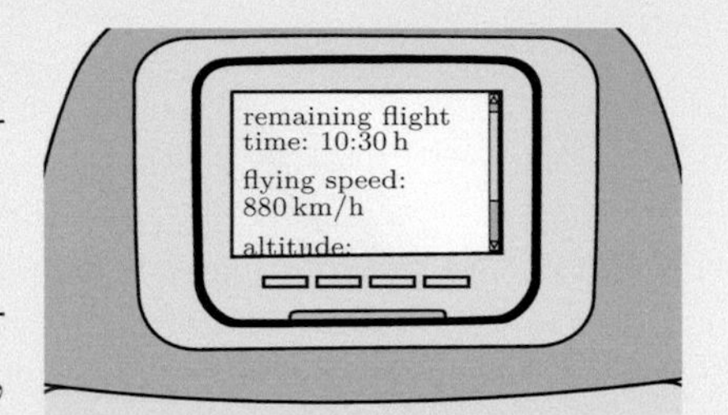


**Bild 29.1:** Elend lange Flugzeiten lassen den Wunsch nach höheren Fluggeschwindigkeiten aufkommen

## ...und die Erklärung

Für den zivilen Luftverkehr gibt es bzgl. der möglichen Fluggeschwindigkeiten eine nahezu unüberwindliche Grenze: die Schallgeschwindigkeit. Physikalisch ist dies die Ausbreitungsgeschwindigkeit von "kleinen Druckstörungen" in einem homogenen Fluid[1]. Sie kommt zustande, wenn das Medium eine veränderliche Dichte besitzt und damit *kompressibel* ist. Dann führt eine lokale momentane Veränderung des Drucks, z. B. durch die Bewegung eines Körpers in dem Fluid, zu einer entsprechenden lokalen Veränderung der Dichte. Diese Dichteänderung wird an benachbarte Fluidbereiche im Sinne eines lokalen Ausgleichsprozesses weitergegeben, was mit einer konstanten, für das homogene Fluid charakteristischen Geschwindigkeit geschieht. Diese Schallgeschwindigkeit beträgt in Luft bei 20 °C etwa $a = 340\,\mathrm{m/s}$; in Wasser ist sie mit etwa 1400 m/s deutlich größer.[2]

[1]Prinzipiell könnte es auch ein Festkörper sein (Körperschall), im hier vorliegenden Fall interessieren aber nur Fluide.

[2]Wasser besitzt eine geringe Kompressibilität und deshalb eine hohe Schallgeschwindigkeit. Ein inkompressibles Fluid besitzt formal eine unendlich große Schallgeschwindigkeit.

© Springer Fachmedien Wiesbaden GmbH, ein Teil von Springer Nature 2018
H. Herwig, *Ach, so ist das?*, https://doi.org/10.1007/978-3-658-21791-4_29

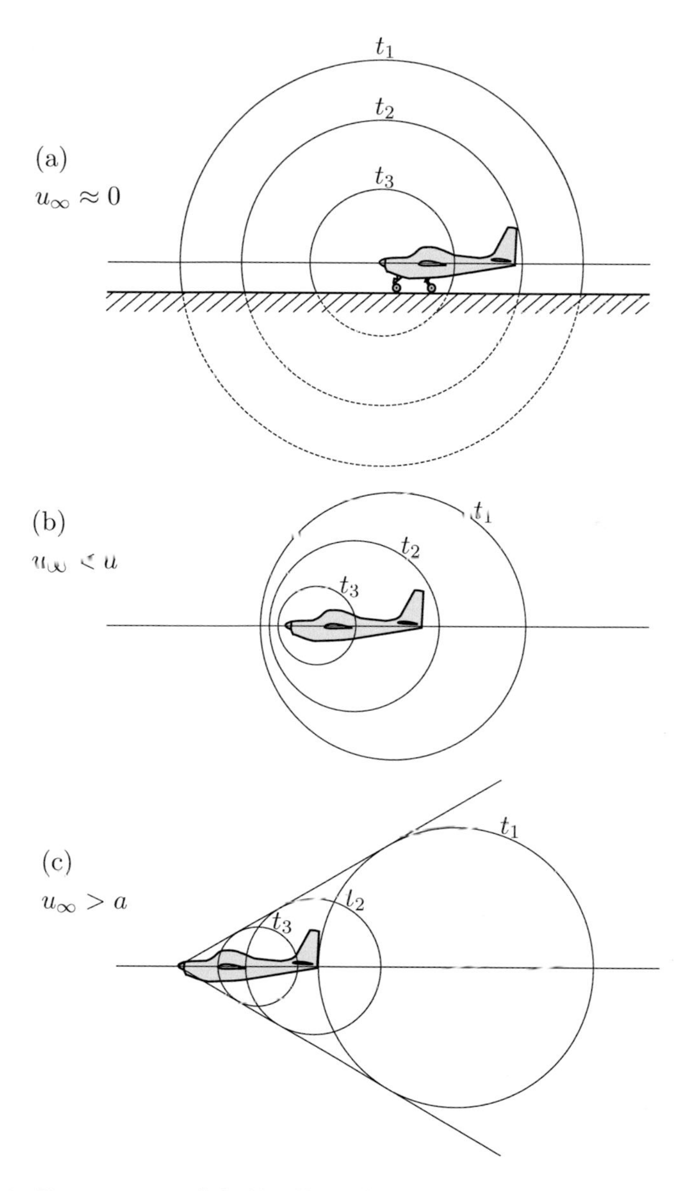


**Bild 29.2:** Position von Schallwellen, die zu drei verschiedenen Zeiten von der Spitze des bewegten Flugzeugs ausgehen ($a$: Schallgeschwindigkeit, $u_\infty$: Geschwindigkeit des bewegten Flugzeugs)
(a) Rollen am Boden
(b) Flug mit Unterschallgeschwindigkeit
(c) Flug mit Überschallgeschwindigkeit

Wenn an einem Punkt im Fluid eine Druckstörung auftritt, so breitet sich diese wegen der homogenen Fluideigenschaften kugelförmig mit der Schallgeschwindigkeit $a$ im Fluid aus. Wenn z. B. zu drei Zeiten nacheinander solche Druckstörungen auftreten, entstehen drei kugelförmige Schallwellen, die vom selben Ursprung ausgehen und sich deshalb vollkommen symmetrisch zueinander ausbreiten. Dies ist in Bild 29.2(a) nahezu der Fall. Dort sind die Mittelebenen von drei Schallwellen gezeigt, die zu den Zeitpunkten $t_1$, $t_2$ und $t_3$ von der Spitze des mit geringer Geschwindigkeit rollenden Flugzeuges ausgegangen sind. Hier interessiert jetzt nicht, ob und ggf. wie die Schallwellen am Boden reflektiert werden, was durch den gestrichelten Verlauf in Bild 29.2(a) zum Ausdruck kommen soll.

Wenn sich das Flugzeug nun mit der Fluggeschwindigkeit $u_\infty < a$ in horizontaler Richtung bewegt, ist die Schallquelle zu den drei unterschiedlichen Zeiten nicht mehr am selben Ort, so dass die kugelförmigen Schallwellen zueinander verschoben entstehen, sie überschneiden sich aber nicht, wie Bild 29.2(b) zeigt.

Erst wenn $u_\infty > a$ gilt, die Spitze des Flugzeugs sich also mit Überschallgeschwindigkeit bewegt, kommt es zu einer Überschneidung der nacheinander entstehenden kugelförmigen Schallwellen, s. Bild 29.2(c). Es entsteht dann ein einhüllender Kegel, in dem die Druckstörungen der Spitze registriert werden können. Außerhalb dieses Kegels werden keinerlei Störungen bemerkt.

Ohne dass hier auf Details eingegangen werden kann, ist wohl unmittelbar einsichtig, dass die aerodynamischen Verhältnisse im Bereich des Flugzeugs (und besonders auch an den auftriebserzeugenden Tragflächen) qualitativ verschieden sind, wenn ein Wechsel von $u_\infty < a$ zu $u_\infty > a$ erfolgt. Dieser Wechsel ist nicht grundsätzlich unmöglich, schließlich hat es lange Zeit z. B. das Überschall-Passagierflugzeug "Concorde" gegeben. Solche Flugzeuge besitzen aber vollständig andere Tragflächen-Konfigurationen (meist sog. Delta-Flügel), die bevorzugt auf die spezielle Überschall-Aerodynamik zugeschnitten sind. Diese Flügelform ist damit eine notwendige Voraussetzung für Überschallflüge, so dass ein "klassisches" Passagierflugzeug grundsätzlich nicht den aerodynamischen Gegebenheiten im Überschall angepasst ist.

Die Geschwindigkeitsbegrenzung ist also durch das nicht akzeptable Auftreten von Überschallströmungen bedingt. Die diesbezüglich relevante Größe ist die Schallgeschwindigkeit $a$. Mit $a$ als Bezugsgröße führt man die sog. *Mach-Zahl*

$$\mathrm{Ma} = \frac{u_\infty}{a} \tag{29.1}$$

ein, so dass eine Unterschallströmung für $\mathrm{Ma} < 1$ vorliegt.

Mit $u_\infty$ als Fluggeschwindigkeit ist die maximal mögliche Mach-Zahl für Unterschallflüge etwa $\mathrm{Ma} = 0{,}8$. Ab dieser Flug-Mach-Zahl treten an bestimmten Stellen der Tragflügel wegen der lokalen Beschleunigung der Strömung bereits lokale Mach-Zahlen $\mathrm{Ma} = 1$ auf, was vermieden werden muss. Als Unterschall-Flugzeuge konzipierte Passagiermaschinen können also in diversen Kategorien ständig verbessert werden, schneller können sie aber aus den geschilderten grundsätzlichen Überlegungen nicht werden.

**30**

**Das Phänomen:** Ein Heißluftballon und ein Flugzeug können in der Luft bleiben, weil es den Auftrieb gibt - ist das in beiden Fällen dieselbe physikalische Größe?

Offensichtlich gibt es beim Ballon und beim Flugzeug, wenn diese auf einer konstanten Höhe bleiben, eine nach oben gerichtete Kraft, die genau die Gewichtskraft des Ballons bzw. Flugzeugs kompensieren kann. Erfahrungsgemäß muss sich das Flugzeug dabei mit hoher Geschwindigkeit bewegen, der Ballon kann aber durchaus an einer festen Stelle in der Luft verbleiben. Es müssen wohl doch grundsätzlich verschiedene "Mechanismen" am Werk sein.

**Bild 30.1:** Beide bleiben oben - zum Glück, aber warum?

## ...und die Erklärung

So grundsätzlich, wie es zunächst erscheint, ist der Unterschied keineswegs, wenn es darum geht zu erklären, warum im Normalfall weder ein Ballon (Heißluft- oder auch Heliumballon) noch ein Flugzeug vom Himmel fällt. Die für beide gleichermaßen gültige Erklärung lautet: An der Oberfläche der Flugobjekte herrscht kein einheitlicher Druck, sondern es liegt eine Druckverteilung vor, die gerade zu der erforderlichen Vertikalkraft führt, mit der das jeweilige Flugobjekt auf einer konstanten Höhe gehalten werden kann. Beide Flugobjekte besitzen eine (jeweils unterschiedliche) Masse $m$ und unterliegen damit der Gewichtskraft $\vec{G} = m\,\vec{g}$, die in Richtung des Erdmittelpunkts wirkt.[1] Die kompensierende Gegenkraft wird in beiden Fällen "Auftrieb" genannt.

[1] Was in sehr guter Näherung, aber nicht exakt gilt, weil die Erde keine absolut gleichmäßige Massenverteilung besitzt.

© Springer Fachmedien Wiesbaden GmbH, ein Teil von Springer Nature 2018
H. Herwig, *Ach, so ist das?*, https://doi.org/10.1007/978-3-658-21791-4_30

Sie ist in beiden Fällen aber von sehr unterschiedlicher Natur. Es handelt sich beim Ballon um einen sog. *statischen* und beim Flugzeug um einen *aerodynamischen* Auftrieb.

Der entscheidende Unterschied liegt also in der Art, wie der Druckunterschied an der Oberfläche des jeweiligen Flugobjekts erzeugt wird. Um zunächst mit dem Ballon zu beginnen: Ein statischer Auftrieb entsteht, wenn sich ein Körper in einem Fluid befindet, das unter der Wirkung der Schwerkraft einen von der Höhe abhängigen Druck aufweist. Bild 30.2 zeigt diese Situation, bei der die Lage des Ballon-Mittelpunkts (willkürlich) als Nullpunkt der vertikalen Koordinate $z$ gewählt worden ist, mit dem dort geltenden Referenzdruck $p_0$. Für $z > 0$, also auf der oberen Ballonhälfte, liegt im Vergleich zum Druck bei $z = 0$ ein Unterdruck vor, auf der unteren Hälfte dagegen ein Überdruck. Dadurch entsteht eine Auftriebskraft $F_\mathrm{A}$. Da der Ballon sehr groß, aber nicht sehr schwer ist, kann diese Kraft $F_\mathrm{A}$ die Ballon-Gewichtskraft $G$ gerade ausgleichen, wenn der Ballon in konstanter Höhe schwebt.

Nach diesen Überlegungen liegt bei einem Flugzeug ebenfalls eine solche (statische) Auftriebskraft vor, aber: Ein Flugzeug ist so schwer, dass diese statische Auftriebskraft (leider) nicht ausreicht, es in der Luft zu halten. Deshalb muss ein anderer Weg gefunden werden, die Druckunterschiede so weit zu erhöhen, dass die entstehende Auftriebskraft $F_\mathrm{A}$ die (jetzt sehr große) Flugzeug-Gewichtskraft $G$ kompensieren kann. Wie dies genau geschieht, ist im Phänomen Nr. 26 zum Thema Auftriebserzeugung beschrieben. Dort wird erläutert, wie an den Tragflügeln eines Flugzeugs durch die Überströmung der erforderliche Druckunterschied zwischen der Ober- und Unterseite eines Flugzeug-Tragflügels entsteht.

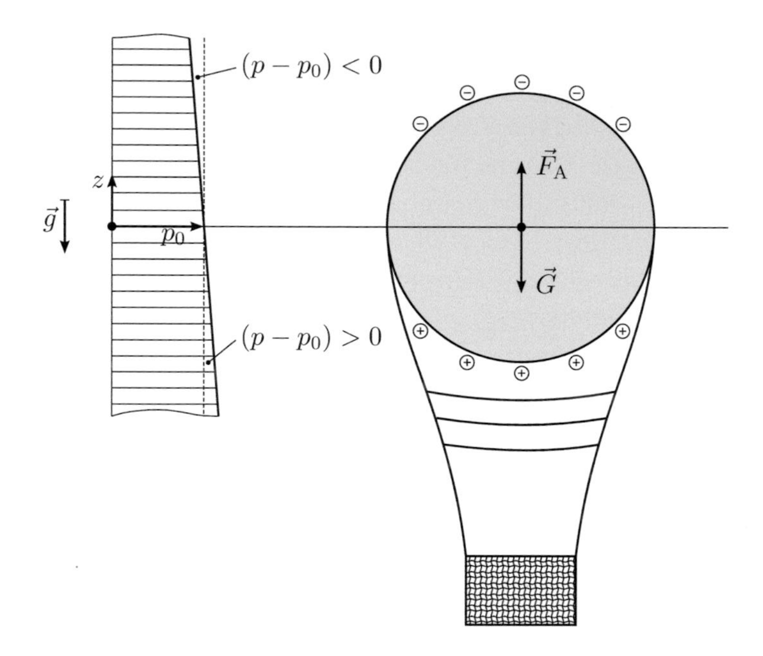


**Bild 30.2:** Lokale Druckverteilung in der Luft und die daraus entstehende Auftriebskraft $\vec{F}_\mathrm{A}$;
$\vec{G}$: Gewichtskraft

**Das Phänomen:** Ein mit Helium gefüllter Ballon bewegt sich bei einer Kurvenfahrt in die "falsche" Richtung

Auf der Rückfahrt von der Osterkirmes stehen zwei Kinder in der Straßenbahn und halten je einen mit Helium gefüllten Luftballon an einem Faden in der Hand. Dass die Ballons durch ihren Auftrieb nach oben steigen und entsprechend den Haltefaden straffen, wundert die Kinder nicht. Als die Straßenbahn dann aber in eine Kurve fährt, geraten sie doch ins Staunen. Während sie sich selber festhalten müssen, um nicht "aus der Kurve getragen zu werden", verhalten sich die Ballons ganz anders: Sie bewegen sich "in die falsche Richtung", nämlich nicht aus der Kurve, sondern in die Kurve.

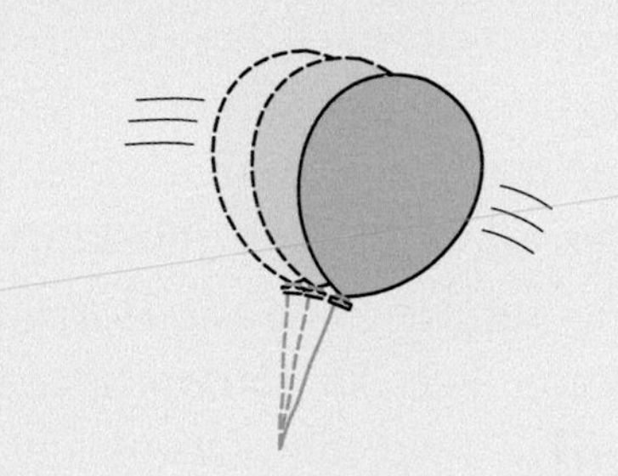

**Bild 31.1:** Merkwürdiges "Kurvenverhalten" gasgefüllter Ballons

## ...und die Erklärung

Bewegungen sind stets die Folge von Kräften. Da es in der beschriebenen Situation zwei Bewegungskomponenten der Ballons gibt (nach oben und zur Seite), sind offensichtlich zwei Kraftkomponenten vorhanden.[1]

Die Vertikalkomponente ist der wohlbekannte Auftrieb des leichten (mit Helium gefüllten) Ballons. Dieser Auftrieb ist eine Kraft, die dem Erdbeschleunigungsvektor $\vec{g}$ entgegengerichtet ist. Der Auftrieb ist auch Gegenstand des Phänomens Nr. 30 zum Thema statischer und aerodynamischer Auftrieb. Er kommt zustande, weil an der Oberfläche (des

[1]Beide, die Bewegungs- und die Kraftkomponenten, können auch zu jeweils Resultierenden zusammengefasst werden. Für das Verständnis ist es aber hilfreich, zunächst die Vertikal- und die Horizontalkomponenten getrennt zu betrachten.

© Springer Fachmedien Wiesbaden GmbH, ein Teil von Springer Nature 2018
H. Herwig, *Ach, so ist das?*, https://doi.org/10.1007/978-3-658-21791-4_31

Ballons) eine ungleichmäßige Druckverteilung vorliegt. Diese wiederum entsteht als AEROSTATISCHE DRUCKVERTEILUNG in der Atmosphäre und führt dazu, dass auf der Unterseite des Ballons ein höherer Druck herrscht als auf der Oberseite. Eine genauere Betrachtung dieser Druckverteilung führt dazu, dass die so entstehende Auftriebskraft betragsmäßig genau der Gewichtskraft des verdrängten Luftvolumens entspricht.Wenn die Gewichtskraft des Ballons (Hülle plus Füllung) kleiner als diese Auftriebskraft ist, steigt der Ballon auf.

Wie entsteht nun die Horizontalkomponente der Kraft, unter deren Wirkung sich der Ballon offensichtlich "in die Kurve hinein" bewegt? Bild 31.2 zeigt eine Draufsicht auf die Anordnung "Straßenbahn mit Ballon im Inneren". Betrachtet man zunächst das Innere der Straßenbahn ohne Ballon, so ist dort die Luft bezogen auf die Straßenbahn in Ruhe. Da sich die Straßenbahn aber auf einer Kurvenfahrt befindet, unterliegen alle Fluidteilchen einer sog. Zentrifugalkraft, die durch die Bewegung um den "Drehpunkt" entsteht. Diese Kraft spüren wir sehr deutlich, wenn wir in einer Straßenbahn in Kurvenfahrt stehen und uns festhalten müssen, um nicht nach außen "aus der Kurve getragen zu werden". Da die Teilchen aber in Bezug auf die Straßenbahn in Ruhe sind, muss es eine Gegenkraft geben, die verhindert, dass die Teilchen unter der Wirkung der Zentrifugalkraft in Bewegung geraten. Diese erforderliche Gegenkraft kann nur durch eine *Druckverteilung* in radialer Richtung entstehen, wobei der Druck in radialer Richtung zunehmen muss. Dann entsteht die erforderliche Gegenkraft.

Befindet sich nun der Ballon in der Straßenbahn, so unterliegt er dieser Druckverteilung in radialer Richtung, die zu einer Querkraft auf den Ballon führt. Diese entspricht betragsmäßig genau der Zentrifugalkraft auf das verdrängte Fluidvolumen und ist auf den "Drehpunkt" gerichtet.

Da der Ballon einschließlich der Füllung eine endliche Masse besitzt, unterliegt er selbst aber auch einer entsprechenden Zentrifugalkraft, die vom Drehpunkt weg gerichtet ist. Diese ist betragsmäßig kleiner als die zuvor beschriebene Querkraft, wenn die Masse des Ballons kleiner als diejenige des verdrängten Fluidvolumens ist. Dies ist offensichtlich der Fall, da der Ballon aufsteigt. Damit ist aber die nach innen (auf den Drehpunkt) gerichtete Querkraft größer als die nach außen gerichtete Zentrifugalkraft und der Ballon bewegt sich "in die Kurve hinein".

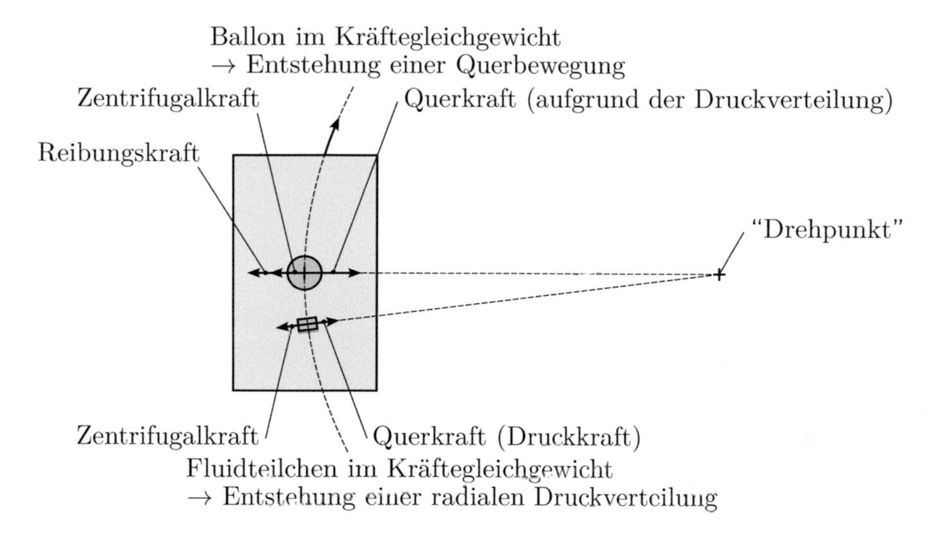


**Bild 31.2:** Entstehung einer radialen Druckverteilung in der Luft und Kräfte auf den Ballon bei einer Kurvenfahrt der Straßenbahn (in der Draufsicht)

Durch die dabei auftretende Reibungskraft ist das Kräftegleichgewicht dann wieder erfüllt.[1]

[1] Genau genommen tritt noch eine Trägheitskraft auf, solange der Ballon beschleunigt wird. Diese wird hier aber vernachlässigt, da wegen der geringen Masse aber dem großen Volumen die Reibungskraft deutlich größer ist.

**32** **Das Phänomen:** Alle namhaften Autohersteller betreiben große Windkanäle zum Testen neuer Modelle. Wieso testen sie nicht stattdessen kleine Modelle?

Für einen geübten Modellbauer ist es kein Problem, das Modell eines Pkw z. B. im Maßstab 1:10 herzustellen und dabei auch noch die kleinsten Details zu berücksichtigen. Wollte man dieses Modell in einem Windkanal testen, um die dort gemessenen Werte dann auf die Großausführung zu übertragen, würde dafür ein relativ kleiner Windkanal ausreichen. Warum nutzen Pkw-Hersteller, die stets auf Kostenersparnisse aus sind, nicht diese preiswerte Variante?

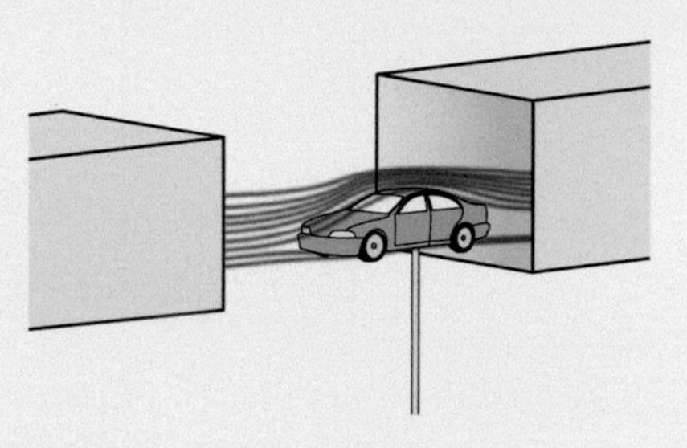

**Bild 32.1:** Pkw-Modell im Windkanal

## ...und die Erklärung

Angenommen, von einem Fahrzeug in Originalgröße gibt es ein geometrisch vollkommen ähnliches Modell im Maßstab 1:10. Beide würden auf Straßen fahren, die ebenfalls im gleichen Maßstab verkleinert, aber ansonsten vollkommen ähnlich sind. Würde man jeweils aus Sicht des Fahrers einen Film drehen, der in beiden Fällen denselben Ausschnitt zeigt, dann könnte man beide Filme nicht auseinanderhalten, wenn beide Autos "gleich schnell" fahren würden. Was aber heißt in diesem Zusammenhang "gleich schnell"?

Die Filme wären (bei gleich großer Projektion) identisch, wenn beide Autos in derselben Zeit zwei gleiche Landmarken (etwa zwei Straßen-Begrenzungspfähle) passiert hätten. Da die Geschwindigkeit das Verhältnis aus Weg und Zeit ist, der tatsächliche Weg im Modell aber um den Faktor 10 kleiner ist, müsste auch die Geschwindigkeit um den Faktor 10 kleiner sein als im Original-Fall. Ein Auto, das in der

© Springer Fachmedien Wiesbaden GmbH, ein Teil von Springer Nature 2018
H. Herwig, *Ach, so ist das?*, https://doi.org/10.1007/978-3-658-21791-4_32

Realität 100 km/h schnell ist, darf dann im Modell nur 10 km/h schnell fahren. Aber: Können dann aerodynamische Messungen am Modell vorgenommen werden und diese auf die Verhältnisse am Original übertragen werden? Um es vorwegzunehmen: Leider nicht!

Für die weiteren Überlegungen wird jetzt zunächst angenommen, die aerodynamischen Verhältnisse am Originalfahrzeug und am Modell sollten *berechnet* werden. Dazu würde man die Gleichungen heranziehen, mit denen die Luftströmung um das jeweilige Fahrzeug bestimmt werden könnte. In diesen Gleichungen würde die Fluiddichte $\varrho$ als unveränderlich unterstellt werden, weil vom Originalfahrzeug bekannt ist, dass eine damit unterstellte INKOMPRESSIBLE STRÖMUNG eine gute Beschreibung der tatsächlichen Verhältnisse erlaubt. Wie immer auch diese Gleichungen aussehen, an bestimmten Stellen in diesen Gleichungen muss die Information enthalten sein, wie groß das jeweilige Fahrzeug ist, und wie schnell es fahren soll. In diesem Sinne sehen die Gleichungen für beide Fälle sicherlich (in ihrem Aufbau) sehr ähnlich aus, sie können aber nicht genau gleich sein.

Und jetzt kommt der entscheidende "Punkt": Wenn man die Gleichungen in beiden Fällen entdimensioniert, d. h. alle vorkommenden Längen auf die Länge $L$ des jeweiligen Fahrzeugs und alle vorkommenden Geschwindigkeiten auf die jeweilige Fahrzeuggeschwindigkeit $u_\infty$ bezieht, entstehen zwei dimensionslose Gleichungen, die keine expliziten Längen und keine expliziten Geschwindigkeiten mehr enthalten. Diese "verschwinden" in den dimensionslosen Größen, wie z. B. den dimensionslosen Koordinatenwerten $x^* = x/L$ und $y^* = y/L$ und den zugehörigen Geschwindigkeitskomponenten in diesen Richtungen, $u^* = u/u_\infty$ und $v^* = v/u_\infty$. Nach dieser Entdimensionierung sind die Gleichungen für beide Fälle identisch, sie enthalten aber eine dimensionslose Kombination der Größen $L$, $u_\infty$ sowie $\varrho$ (Dichte) und $\eta$ (Viskosität), zwei Größen, die auch vorher schon in den Gleichungen aufgetreten sind. Diese Kombination ist die sog. REYNOLDS-ZAHL

$$\mathrm{Re} = \frac{\varrho\, u_\infty\, L}{\eta} \tag{32.1}$$

Wenn nun diese Re-Zahl für beide Fälle denselben Zahlenwert besitzt, sind die Gleichungen für beide Fälle identisch, weshalb auch deren Lösung gleichermaßen für beide Fälle gelten sollte. Aus diesen

Überlegungen folgt die Bedingung dafür, dass eine (dimensionslose) Lösung gleichermaßen für beide Fälle gilt. Die Bedingung ist, dass die Reynolds-Zahl in beiden Fällen denselben Zahlenwert haben muss. Da die Dichte $\varrho$ und die Viskosität $\eta$ jeweils die Werte von Luft sind, bleibt als Bedingung

$$(u_\infty L)_{\mathrm{Original}} = (u_\infty L)_{\mathrm{Modell}} \tag{32.2}$$

oder mit dem vorgegebenen Maßstabsverhältnis $L_{\mathrm{Modell}}/L_{\mathrm{Original}} = 1/10$, dass gilt:

$$\frac{u_{\infty,\,\mathrm{Modell}}}{u_{\infty,\,\mathrm{Original}}} = \frac{L_{\mathrm{Original}}}{L_{\mathrm{Modell}}} = \frac{10}{1} \tag{32.3}$$

Daraus folgt die im vorigen Abschnitt erwähnte Geschwindigkeit des Pkw-Modells $u_{\infty,\,\mathrm{Modell}} = 1000\,\mathrm{km/h}$, wenn $u_{\infty,\,\mathrm{Original}}$ den Wert $100\,\mathrm{km/h}$ besitzt!

Zusätzlich muss sichergestellt sein, dass sowohl für das Original als auch das Modell eine hinreichend genaue Beschreibung der physikalischen Situation durch die betrachteten Gleichungen vorliegt. In beiden Fällen darf es keine nennenswerten Effekte geben, die durch die Gleichungen nicht erfasst sind. Nur dann ist die Bedingung $\mathrm{Re}_{\mathrm{Original}} = \mathrm{Re}_{\mathrm{Modell}}$ hinreichend für eine mögliche Ergebnisübertragung.[1] Die Bedingung dafür ist im konkreten Beispiel

$$u_{\infty,\,\mathrm{Modell}} = 1000\,\mathrm{km/h}$$

damit die Reynolds-Zahl Re, s. Gl. (32.1), in beiden Fällen denselben Zahlenwert besitzt.

Wenn auch für diese hohe Modellgeschwindigkeit weiterhin dieselbe physikalische Situation wie beim Original-Pkw vorliegt, ist die hinreichende Bedingung für die Übertragbarkeit von Ergebnisse gegeben. Leider ist dies hier aber nicht der Fall, weil bei den hohen Modellgeschwindigkeiten jetzt eine KOMPRESSIBLE STRÖMUNG vorliegt. Diese Art von Strömungen wird nicht mehr von Gleichungen mit unveränderlicher Dichte beschrieben, so dass bei Verwendung dieser

[1] Diese Überlegungen sind Teil einer systematischen DIMENSIONSANALYSE des Problems, bei der das Auftreten von zusätzlich zu berücksichtigenden Effekten als *Skalierungseffekt* bezeichnet wird.

Gleichungen keine einheitliche mathematische Beschreibung für die beiden Situationen (Original und Modell) vorliegt.

Fazit: Die eingangs erwähnten Filme zeigen zwar mit $u_\infty = 10\,\mathrm{km/h}$ für das Modell denselben Fahreindruck wie er im Original bei $u_\infty = 100\,\mathrm{km/h}$ wahrgenommen wird, Messungen zur Aerodynamik am Modell könnten aber bei dieser Geschwindigkeit nicht auf das Original übertragen werden.

**33** **Das Phänomen:** Der Spaß beim Schlittschuhlaufen kann sehr getrübt sein, wenn das Eis "stumpf" ist

Im Normalfall gleiten Schlittschuhläufer geradezu ungehemmt auf der Eisfläche dahin. Es gibt aber auch Situationen, in denen das Eis "stumpf" zu sein scheint, so als wäre die Eisoberfläche auf seltsame Weise verändert.
Eine genaue Beobachtung zeigt, dass dies eintritt, wenn besonders niedrige Temperaturen herrschen.

**Bild 33.1:** Pirouetten drehende Schlittschuhläuferin auf "glattem Eis"

## ...und die Erklärung

Wenn Eis "stumpf" ist, liegt offensichtlich eine physikalisch andere Situation als im Normalfall vor. Prinzipiell handelt es sich beim Schlittschuhlaufen um einen Vorgang des Gleitens zwischen zwei Materialien, dem Stahl des Schlittschuhs und dem Eis. Unterstellt man zunächst, dass auch das Eis als Festkörper agiert (was bei "stumpfem" Eis tatsächlich der Fall ist), so handelt es sich um eine Gleitreibungssituation zwischen zwei Feststoffen. Dafür gilt generell, dass die Widerstandskraft proportional zur Anpresskraft ist, bei einer horizontalen Gleitebene also proportional zur Gewichtskraft. Als Proportionalitätsfaktor tritt der sog. *Gleitreibungskoeffizient* $\mu_G$ auf, der je nach Materialpaarung unterschiedliche Werte besitzt, aber nicht nennenswert von der Oberflächenbeschaffenheit, der Größe der Kontaktfläche oder der Gleitgeschwindigkeit abhängt. Dieser Koeffizient stellt das Verhältnis der beiden beteiligten Kräfte dar. Als typische Werte findet man für die Materialpaarung Stahl/Stahl $\mu_G = 0{,}12$, für die Paarung Stahl/Eis aber einen um eine Größenordnung kleineren Wert $\mu_G = 0{,}014$ (sodass man relativ problemlos gleiten kann). Diese Werte sind stets kleiner als die sog. *Haftreibungskoeffizienten* $\mu_H$, die das maximale Kräfte-

© Springer Fachmedien Wiesbaden GmbH, ein Teil von Springer Nature 2018
H. Herwig, *Ach, so ist das?*, https://doi.org/10.1007/978-3-658-21791-4_33

verhältnis angeben, ohne dass ein Gleiten einsetzt. Typische Werte für die genannten Stoffpaarungen sind $\mu_{\mathrm{H}} = 0{,}15$ für Stahl/Stahl und $\mu_{\mathrm{H}} = 0{,}027$ für Stahl/Eis.

Wenn nun beim Schlittschuhlaufen deutliche Unterschiede in der Widerstandskraft auftreten, die als Wirkung von "stumpfem" und "glattem" Eis interpretiert werden können, so muss eine zweite, physikalisch vom Gleiten zwischen zwei Festkörpern verschiedene Situation auftreten. In der Tat ist dies der Fall, wenn das Eis unter den Schlittschuhkufen lokal und momentan schmilzt und damit zwischen dem Eis und den Schlittschuhkufen ein dünner Wasserfilm entsteht. Dieser wirkt wie ein Schmiermittel und verhindert den direkten Stahl/Eis-Kontakt und damit auch die Gleitreibung im eingangs beschriebenen Sinne. Bei sehr niedrigen Temperaturen ist das Eis aber "stumpf", d. h., es liegt Gleitreibung ohne einen Wasser-Schmierfilm vor, weil die Verhältnisse unter den Schlittschuhkufen nicht zu einem lokalen Phasenwechsel hin zu flüssigem Wasser führen. Wann ein solcher Phasenwechsel unter den Schlittschuhkufen auftritt, und wann nicht, kann und muss durch eine sehr detaillierte Analyse der physikalischen Situation geklärt werden.

**34** **Das Phänomen:** Mit einer "Bananen-Flanke" den Fußballtorwart düpieren

Fußball-Könnern gelingt es mehr oder weniger systematisch, den Ball auf eine unerwartete Flugbahn zu befördern, indem sie ihm einen bestimmten Drall "mitgeben". Dies hat zur Folge, dass der Ball einer gekrümmten Bahn folgt. Handelt es sich dabei um das Schießen einer Flanke, wird diese zur "Bananen-Flanke".

**Bild 34.1:** Die hohe Kunst, eine unerwartete "Bananen-Flanke" zu schießen

## ...und die Erklärung

Jeder Körper, der in Bewegung ist, hier also zunächst der Fußball, besitzt einen Impuls $m\vec{v}$. Es handelt sich dabei um eine vektorielle (gerichtete) Größe, die aus der Masse $m$ des Körpers und seiner (momentanen) Geschwindigkeit $\vec{v}$ zusammengesetzt ist. Nach dem 2. Newtonschen Axiom der Mechanik ändert sich der Impuls, wenn auf den Körper eine Kraft wirkt - genauer: Die zeitliche Änderung des Impulses entspricht der Summe aller angreifenden Kräfte. Dies bedeutet zweierlei:

- Wenn keine Kräfte auf den Körper (Ball) wirken, behält er seinen Impuls bei. Bei unveränderter Masse $m$ bleibt also $\vec{v}$ unverändert und der Ball würde mit konstanter Geschwindigkeit auf einer geradlinigen Bahn "fliegen".

- Wenn Kräfte wirken, kommt es zu einer Veränderung des Impulses, bei unveränderter Masse $m$ also zu einer Veränderung von $\vec{v}$ und damit zu einer veränderten Flugbahn.

Wie sich das Flugverhalten verändert, hängt wiederum von den konkreten Kräften ab. Es kommt dabei zu einer Veränderung des Geschwin-

© Springer Fachmedien Wiesbaden GmbH, ein Teil von Springer Nature 2018
H. Herwig, *Ach, so ist das?*, https://doi.org/10.1007/978-3-658-21791-4_34

digkeitsbetrags bei weiterhin geradliniger Flugbahn, wenn die Kraft genau in oder entgegen der Flugbahn gerichtet ist. Dies ist z. B. der Fall, wenn man einen Ball aus der Ruhe fallen lässt. Er fällt auf einer geraden Bahn senkrecht nach unten, weil die Schwerkraft $m\,\vec{g}$ ständig eine Wirkungslinie hat, die mit der (senkrechten) Bahnlinie übereinstimmt. Das gleiche gilt für die mit steigender Fallgeschwindigkeit zunehmende Luft-Widerstandskraft.

Wenn aber Kräfte wirken, die nicht die Richtung des momentanen Geschwindigkeitsvektors $\vec{v}$ besitzen, kommt es zu einer Veränderung der ursprünglich geradlinigen Flugbahn. Die Erfahrung besagt, dass die Ablenkung in Richtung der Kraft (-Wirkungslinie) erfolgt. Ein schräg nach oben geschossener Ball erfährt unter der Wirkung der Schwerkraft $m\,\vec{g}$ eine Ablenkung in Richtung von $\vec{g}$, also einfach "nach unten".

Aus diesen Überlegungen folgt: Wenn es zu einer seitlichen Ablenkung der Flugbahn kommt, so muss eine Kraft auf den Körper wirken, die ganz oder teilweise (d. h. mit einer Komponente) aus der Ebene heraus zeigt, die durch die Vektoren $\vec{v}$ und $\vec{g}$ aufgespannt wird. Eine solche Kraft entsteht offensichtlich, wenn dem Ball "der richtige Drall" mitgegeben wird.

Ähnliche Überlegungen führen auf die Erklärung des sog. *Topspin* beim Tennis. Auch hier wird der Ball in Rotation versetzt, was ihm einen bestimmten Drall gibt. Die Rotationsachse liegt aber so, dass eine zusätzliche Kraft in Richtung der Erdbeschleunigung $\vec{g}$ entsteht. Dies kann auf zwei Weisen ausgenutzt werden. Entweder, indem der Ball härter als es sonst möglich wäre geschlagen wird, oder indem der Ball schneller als erwartet hinter dem Netz aufsetzt und anschließend anders wieder vom Boden abspringt, als es der Gegenspieler zunächst erwarten würde.

Das Auftreten einer seitwärts wirkenden Kraft des rotierenden Balls wird in der Strömungsmechanik *Magnus-Effekt* genannt.

**Anmerkung**: Der Magnus-Effekt kann auch genutzt werden, um damit ein "Segelboot" anzutreiben. Anstelle der üblichen Segel (die einen aerodynamischen Auftrieb für den Vortrieb des Boots erzeugen können) sorgen zwei drehbare Walzen für den Vortrieb des Boots, wie dies in Bild 34.2 gezeigt ist. Diese sog. *Flettner-Rotoren* sind bis heute allerdings nur sporadisch zum Einsatz gekommen. Einzelne Stationen dieser Technik sind:

- Anfang der Zwanziger Jahre des vorigen Jahrhunderts wurde der Dreimastschoner *Buckau* als "Walzensegler" mit zwei Flettner-Rotoren (Höhe: 15,6 m, Durchmesser: 2,8 m, Drehzahl: 2 /s) umgebaut. Unter dem Namen *Baden-Baden* wurde er 1926 nach Amerika verkauft. Als er 1931 in der Karibik einem Sturm zum Opfer fiel, waren die Rotoren aber bereits wieder entfernt worden.

- Noch heute fährt die von Jacques-Yves Cousteau in Auftrag gegebenen *Alcyone* als Kombination von Motor- und "Segel"-Schiff (mit zwei Flettner-Rotoren; Höhe: 10,2 m, Durchmesser: 1,35 m) für die Cousteau Society.

- Die Firma Enercon betreibt ein Frachtschiff (E-Ship 1) zum Transport von Windenergie-Anlagen, das von vier Flettner-Rotoren in seinem Antrieb unterstützt wird. Obwohl theoretisch 50 % der konventionellen Antriebsenergie auf diese Weise eingespart werden könnte, handelt es sich wohl doch mehr um eine PR-Maßnahme. Videos zum Magnus-Effekt findet man unter diesem Stichwort im Internet.

**Bild 34.2:** "Segel"-Schiff mit Flettner-Rotoren

# Teil IV: Energie & Umwelt

**Hinweis**: Wichtige Begriffe sind in einem Glossar am Ende des Buchs erläutert. Im Text zu den einzelnen Phänomenen sind die auf diese Weise behandelten Begriffe durch sog. KAPITÄLCHEN hervorgehoben (Schreibweise in Großbuchstaben).

**35** **Das Phänomen:** Eine zeitweise nicht genutzte Wohnung wird trotzdem geheizt, oder doch besser nicht?

Dass die Heizung in einer Wohnung bei längeren Urlauben sinnvollerweise abgestellt werden sollte, ist unbestritten. Es stellt sich aber die Frage, ob dies bei kürzeren Abwesenheitszeiten von ein, zwei Tagen oder gar nur von wenigen Stunden sinnvoll ist. Generell geht es in diesem Zusammenhang um eine Abwägung zwischen Komfort und dem dafür erforderlichen Energieeinsatz.

**Bild 35.1:** Bei Verlassen des Hauses grundsätzlich die Heizung abstellen?

## ...und die Erklärung

Das Problem ist vielschichtiger als es im ersten Moment erscheint, weil folgende fünf Aspekte zusammen betrachtet werden müssen:

(1) Ein Raum, der eine gewünschte Temperatur oberhalb der Umgebungstemperatur beibehalten soll, muss beheizt werden, weil Verluste durch abfließende Wärmeströme (unzureichende Wärmedämmung) kompensiert werden müssen. Diese abfließenden Wärmeströme sind proportional zur Temperaturdifferenz zwischen dem Raum und der Umgebung $\Delta T = T_{\mathrm{R}} - T_{\mathrm{U}}$. Ein Absenken von $\Delta T$ verringert damit die Verluste sowie den zur Kompensation erforderlichen Energiestrom in den Raum.

(2) Nach einer Abschaltperiode wird die Heizung wieder angestellt, es dauert aber eine gewisse Zeit, bis die Raumluft wieder den gewünschten Wert erreicht. Es entsteht also eine gewisse Unbehaglichkeitsperiode und damit ein Komfortverlust.

© Springer Fachmedien Wiesbaden GmbH, ein Teil von Springer Nature 2018
H. Herwig, *Ach, so ist das?*, https://doi.org/10.1007/978-3-658-21791-4_35

(3) Auch wenn die Raumluft in einem Aufheizvorgang bereits den gewünschten Wert erreicht hat, sind die Wände noch kälter als im endgültigen beheizten Zustand. Dies führt zu einem Unbehaglichkeitsgefühl, weil ein Teil (etwa 40 %) des menschlichen Wärmehaushalts durch einen Strahlungsaustausch mit den umgebenden Flächen realisiert wird, s. dazu das Phänomen Nr. 43 zum Thema des menschlichen Wärmehaushalts. Damit wird ein Raum als kalt empfunden, "obwohl" die Luft im Raum bereits die gewünschte Endtemperatur erreicht hat. Die im vorigen Punkt genannte Unbehaglichkeitsperiode ist also erst zu Ende, wenn auch die umschließenden Wände wieder die Endtemperatur erreicht haben.

(4) Eine Heizung steht nach Erreichen des Endzustands bei einer bestimmten "Betriebseinstellung"[1]. Diese würde einen abgekühlten Raum aber erst nach sehr langer Zeit auf den gewünschten Endzustand bringen, so dass man zunächst eine höhere Heizleistung einstellen wird. Dabei ist aber damit zu rechnen, dass mehr Heizenergie in den Raum gegeben wird als eigentlich für das erneute Aufheizen und die anschließende Verlust-Kompensation erforderlich ist. Dies kann leicht geschehen, weil keine exakte Regelung vorhanden ist und der Mensch als Teil des tatsächlichen Regelkreises nur unzulänglich agiert.

(5) In einem Raum herrscht zu einem bestimmten Zeitpunkt keineswegs eine einheitliche Temperatur. In der Nähe der Heizflächen werden die Temperaturen stets deutlich höher sein, als in weiter entfernten Bereichen. Zusätzlich ist zu beachten, dass das Temperaturempfinden des Menschen stark von möglichen Strömungsgeschwindigkeiten in der Nähe der Körperoberfläche beeinflusst wird (s. dazu auch das Phänomen Nr. 42 zum Thema der gefühlten Temperatur). In weitergehenden Betrachtungen muss aber jeweils eine einheitliche, räumlich gemittelte Temperatur $T_{\mathrm{R}}$ (als Funktion der Zeit) unterstellt werden, da genauere Angaben nicht verfügbar sind. Ebenso kann der Einfluss möglicher

[1]Je nach Heizbedarf ist dies eine bestimmte Stufe des Thermostats, eine bestimmte Heizleistung oder eine von mehreren Komfortstufen.

Strömungen nicht konkret berücksichtigt werden, da auch dazu genauere Angaben fehlen.

Insgesamt ergibt sich damit eine Situation, die im Einzelfall sehr genau betrachtet werden muss. Dabei zählen nicht nur objektive Kriterien, wie die gewünschte Temperatur, sondern auch die subjektive Bereitschaft, eine Unbehaglichkeitsperiode in Kauf zu nehmen oder eben auch, dies nicht zu tun (und dafür den entsprechenden Preis für die erhöhten Energiekosten zu bezahlen).

Es muss also bedacht werden, wie man sich nach dem Einschalten der Heizung verhält. Wenn die Unbehaglichkeitsperiode möglichst kurz sein soll, unterliegt man der Gefahr, letztlich mehr Energie einzusetzen, als es bei einem kontinuierlichen Heizbetrieb der Fall gewesen wäre. Ein Tipp: Den Nachbarn bitten, die Heizung so rechtzeitig wieder mit der ursprünglichen Heizleistung einzustellen, dass die dann relativ lange Unbehaglichkeitsperiode vorüber ist, wenn man zurückkehrt.

**36** **Das Phänomen:** Wieso haben große und moderne Kraftwerke grundsätzlich Wirkungsgrade unter 60 %?

In Zeiten der "Energiekrise" ist schwer zu verstehen, dass viele Kraftwerke Wirkungsgrade von sogar unter 50 % besitzen. Auf der anderen Seite versprechen durchaus seriöse Anbieter von "Kleinkraftwerken im eigenen Haus", den sog. BHKWs (Block-Heiz-Kraftwerke) eine Energienutzung von bis zu 90 %. Heißt das, dass Großkraftwerke grundsätzlich von schlechten Ingenieuren entworfen und gebaut werden und wir das ganz schnell ändern sollten?

**Bild 36.1:** Moderne große Kraftwerke mit Wirkungsgraden unter 50 % - muss das sein?

## ...und die Erklärung

Um häufig bestehende Missverständnisse im Zusammenhang mit Klein- und Großkraftwerken aufklären zu können, bedarf es vor allem einer eindeutigen Begrifflichkeit und der Kenntnis grundlegender physikalischer Fakten. Zunächst zu den vier wichtigsten Fakten:

(1) Energie ist eine Erhaltungsgröße, d. h. sie kann weder erzeugt noch vernichtet, wohl aber von einem System in ein anderes übertragen werden.

(2) Energie kann in verschiedenen Formen auftreten. Im Zusammenhang mit konventionellen Kraftwerken sind dabei die Formen der

© Springer Fachmedien Wiesbaden GmbH, ein Teil von Springer Nature 2018
H. Herwig, *Ach, so ist das?*, https://doi.org/10.1007/978-3-658-21791-4_36

inneren[1], mechanischen, elektrischen, kinetischen und potenziellen Energie von Bedeutung.

(3) Die verschiedenen Energieformen können mit bestimmten Begrenzungen ineinander umgewandelt werden. Im Sinne der begrenzten Umwandelbarkeit spielt die INNERE ENERGIE eine besondere Rolle. Sie ist nur zum Teil in die anderen aufgeführten Energieformen umwandelbar. Wie groß dieser umwandelbare Anteil ist, hängt vor allem davon ab, um wie viel die Temperatur oberhalb der Umgebungstemperatur liegt.

(4) Im Zusammenhang mit der Umwandlung verschiedener Energieformen wird Energie zwischen Systemen übertragen. Dies kann grundsätzlich auf zwei Arten erfolgen: in Form von Arbeit und in Form von Wärme, d. h. auf mechnischem bzw. elektrischem Weg (Arbeit) oder aufgrund von Temperaturunterschieden (Wärme).

Genau die im dritten Punkt genannte beschränkte Umwandelbarkeit der inneren Energie führt zum Problem der niedrigen Kraftwerks-Wirkungsgrade. Solche *Wirkungsgrade* beschreiben den Grad der kontinuierlichen Umwandlung von innerer Energie in mechanische und letztendlich elektrische Energie, die in konventionellen Kraftwerken stattfindet. Der nicht in mechanische bzw. elektrische Leistung umgewandelte Anteil fällt in Form eines Wärmestroms an. Dieser muss entweder ungenutzt an die Umgebung abgegeben werden oder er wird noch sinnvoll als Heiz- oder Prozesswärmestrom genutzt. Wenn dies der Fall ist, führt man *Nutzungsgrade* der Energie ein, die im Sinne des Wortes den Grad der Energienutzung (nicht: Umwandlung) angeben. Dabei können durch die zusätzliche Nutzung der Abwärme Nutzungsgrade von durchaus 90 % auftreten, wobei der Teilaspekt der Energieumwandlung "nur" Wirkungsgrade von oftmals unter 50 % aufweist.

Diese Ausführungen sollten deutlich machen, dass es zwangsläufig immer dann zu Missverständnissen kommt, wenn nicht eindeutig nach Wirkungs- und Nutzungsgraden unterschieden wird.

[1] Innere Energie wird von Materie auf unterschiedliche Art gespeichert. Die wesentlichen Arten sind die nukleare, chemische und die thermische Energiespeicherung.

**37** **Das Phänomen:** Große Mengen Energie zu speichern, ist offensichtlich sehr schwierig - wieso eigentlich?

Als größtes Problem beim Umstieg auf sog. regenerative Energien (Wind, Sonne, Gezeiten, ...) wird die erforderliche Speicherung der Energie genannt, mit der es gelingen soll, Erzeugung und Bedarf aneinander anzupassen und Erzeugungslücken auszugleichen. Offensichtlich gibt es auch verschiedene Energieformen, die gespeichert werden können, wie die elektrische Energie und "Wärme" - es gilt also, genau zu benennen, was eigentlich gespeichert werden soll, wenn von Energiespeicherung die Rede ist.

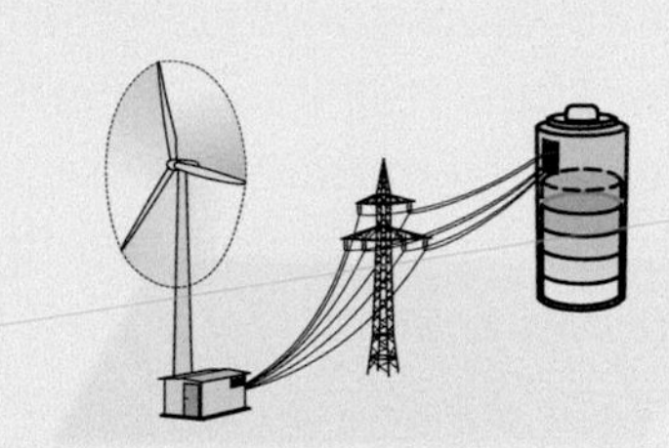

**Bild 37.1:** Wie könnte ein Speicher aussehen?

## ...und die Erklärung

Der allgemeine Begriff der Energiespeicherung muss präzisiert werden, und zwar bzgl. der Frage, wie die gespeicherte Energie anschließend genutzt werden soll. Prinzipiell gibt es dafür zwei Kategorien:

(1) Thermische Nutzung,

(2) Mechanische oder elektrische Nutzung.

Bezüglich der thermischen Nutzung kommt es entscheidend auf das Temperaturniveau an, auf dem die thermisch gespeicherte Energie zur Nutzung zur Verfügung stehen soll. Wenn die thermische Energie z. B. für Trocknungs-, Schmelz- oder Umformprozesse benötigt wird, spricht man von Prozesswärme, die je nach Prozess Temperaturen von weit über 100 °C besitzen muss. Wenn die thermische Energie aber für Heizzwecke zur Verfügung stehen soll, muss lediglich die

© Springer Fachmedien Wiesbaden GmbH, ein Teil von Springer Nature 2018
H. Herwig, *Ach, so ist das?*, https://doi.org/10.1007/978-3-658-21791-4_37

Heizungs-Vorlauftemperatur vorhanden sein, die für alle gängigen Heizungssysteme deutlich unter 100 °C liegt.

Die mechanische und elektrische Nutzung sind hier zusammengefasst worden, weil beide Energieformen ohne nennenswerte Verluste ineinander umwandelbar sind (Generator, Motor).

Diese Umwandelbarkeit gilt aber nicht uneingeschränkt zwischen den beiden genannten Kategorien. Zwar könnte mechanische oder elektrische Energie vollständig in thermische Energie umgewandelt werden, umgekehrt geht dies aber (leider) nicht, s. dazu auch das Phänomen Nr. 36 zum Thema Kraftwerkswirkungsgrade.

Diese grundsätzliche Unterscheidung nach der Energienutzung überträgt sich auf die Energiespeicherung. Speicher für thermische und solche für mechanische oder elektrische Energie sind in ihrem Aufbau und ihrer Wirkungsweise grundverschieden. Beide haben aber dasselbe Problem: Große Energiemengen zu speichern erfordert offensichtlich einen hohen Aufwand. Dies soll an zwei Beispielen veranschaulicht werden.

(1) Thermischer Energiespeicher:

Für ein Einfamilienhaus soll die im Winter benötigte Energie aus einem Kies-Wasser-Speicher entnommen werden, der im Sommer über Solar-Kollektoren thermisch aufgeladen worden ist. Mit folgenden Annahmen kann die Mindestgröße abgeschätzt werden, die der Speicher besitzen muss, damit er theoretisch den Energiebedarf abdecken kann. In einer praktischen Ausführung müsste er dann noch deutlich größer ausgelegt werden, da u. a. zunächst nicht berücksichtigte Verluste auftreten und der Speicher nicht vollständig entladen werden kann. Annahmen sind:

- Heizenergiebedarf: 100 kWh/Tag für 150 Tage ≙ 15 000 kWh,
- Speicherfähigkeit von Kies-Wasser: 0,5 kWh/m$^3$ °C,
- Speichertemperaturen: 20 °C bis 90 °C.

Daraus ergibt sich, dass 430 m$^3$ Speichermaterial erforderlich sind, um bei einer Temperaturspreizung von 70 °C die thermische Energie von 15 000 kWh zu speichern. Die tatsächliche Größe müsste dann deutlich über 500 m$^3$ liegen. Der umbaute Raum beträgt bei der hier (in den obigen Werten) unterstellten Wohnfläche von

$150\,\mathrm{m}^2$ weniger als $450\,\mathrm{m}^3$. Der Speicher müsste also mindestens so groß sein, wie das Haus!

Diese Zahlenwerte zeigen, dass der Heizenergiebedarf durch eine extrem gute Wärmedämmung auf etwa ein Zehntel gesenkt werden müsste, um auf eine akzeptable Speichergröße zu kommen. Dann wäre der Speicher nicht so groß wie das Haus, sondern würde nur noch etwa ein Zehntel des Hausvolumens erfordern. Dass dies prinzipiell möglich ist, zeigen sog. "Niedrigenergiehäuser".

(2) Elektrischer Energiespeicher:

Das große Problem von Windkraftanlagen ist der stark schwankende Energieertrag. Dies könnte durch eine Energiespeicherung direkt an der Windkraftanlage wesentlich entschärft werden. Ob dies möglich ist, kann folgende Abschätzung ergeben. Die von einer Windkraftanlage mit einer Tagesdurchschnittsleistung von 3 MW an einem Tag bereitgestellte Energie soll vor Ort gespeichert werden. Es handelt sich dann um 72 MWh elektrischer Energie, die es zu speichern gilt. Wiederum im Sinne einer Abschätzung soll nicht ein realer Speicher betrachtet werden, sondern es soll angegeben werden, wie groß ein Speicher sein müsste, damit er theoretisch in der Lage wäre, die gestellte Aufgabe zu erfüllen. Wenn dies mit einem Batteriespeicher geschehen soll, ist die Angabe erforderlich, wie groß die Energiedichte eines solchen Batteriespeichers ist. Je nach Batterieausführung liegen solche Werte zwischen 0,2 MJ/kg und 2 MJ/kg. Mit einem mittleren Wert von 1 MJ/kg gilt dann folgendes:

Die zu speichernden 72 MWh entsprechen $72 \times 3600\,\mathrm{MJ} = 260\,000\,\mathrm{MJ}$. Bei der Speicherdichte von 1 MJ/kg sind also 260 t Speichermaterial als theoretischer Mindestwert erforderlich. Diese Masse entspricht dem Startgewicht von drei Flugzeugen des Typs Airbus A320!

Mit beiden Beispielen wird deutlich, dass eine Energiespeicherung in großem Umfang einen oftmals unrealistischen Aufwand erfordert.

38

**Das Phänomen:** Ein durchschnittlicher 4-Personen-Haushalt verbraucht im Jahr etwa 5000 kWh elektrische Energie - obwohl die Energie doch physikalisch eine sog. Erhaltungsgröße ist

Der Alltagsgebrauch der physikalischen Größe Energie nimmt wenig Rücksicht auf physikalische Grundprinzipien. Obwohl der Erste Hauptsatz der Thermodynamik (bis heute unwiderlegt) behauptet, dass Energie eine Erhaltungsgröße ist, also nicht vernichtet oder erzeugt werden kann, sprechen wir sehr häufig vom "Energieverbrauch" z. B. bestimmter Geräte im Haushalt. Abends im Werbeblock können wir dann im Fernsehen sehen und hören, ein bestimmter Schokoriegel bringe "verbrauchte Energie zurück" - dann ist ja wieder alles in Ordnung - oder?

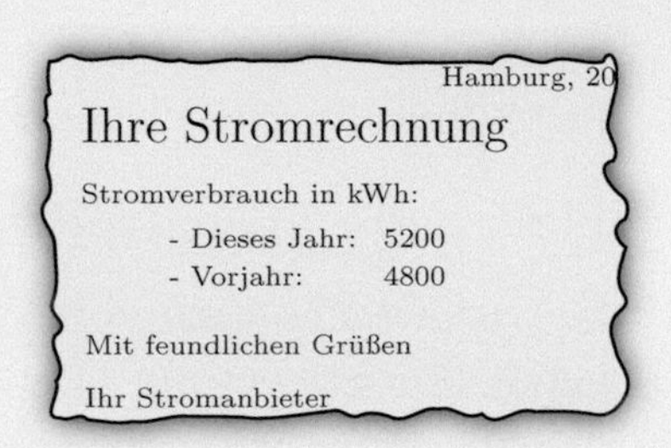
Hamburg, 20
Ihre Stromrechnung
Stromverbrauch in kWh:
- Dieses Jahr: 5200
- Vorjahr: 4800
Mit feundlichen Grüßen
Ihr Stromanbieter

**Bild 38.1:** Auszug aus der diesjährigen Stromrechnung

## ...und die Erklärung

Zunächst einmal zum korrekten Gebrauch der Begriffe: In der Tat ist Energie eine physikalische Größe, die weder erzeugt noch vernichtet, sondern nur übertragen und umgewandelt werden kann.[1] Die Umwandlung von Energie bedeutet, dass verschiedene Energieformen existieren und dass Energie von einer in eine andere Form umgewandelt wer-

[1]Hier wird die sog. Newtonsche Mechanik betrachtet. Die Einsteinsche Relativitätstheorie, die darüber hinausgeht, beinhaltet eine Masse/Energie-Äquivalenz, bei der auch eine Umwandlung von Masse in Energie auftritt, die aber nur bei Geschwindigkeiten in der Nähe der Lichtgeschwindigkeit von Bedeutung ist.

© Springer Fachmedien Wiesbaden GmbH, ein Teil von Springer Nature 2018
H. Herwig, *Ach, so ist das?*, https://doi.org/10.1007/978-3-658-21791-4_38

den kann. In dem betrachteten Zusammenhang sind folgende fünf unterschiedliche Energieformen von Bedeutung:

(1) chemisch gespeicherte innere Energie

(2) thermisch gespeicherte innere Energie

(3) mechanische Energie

(4) potenzielle Energie

(5) elektrische Energie

Eine genauere Betrachtung zeigt nun, dass die verschiedenen Energieformen (auch theoretisch) nicht immer vollständig in eine andere Energieform umgewandelt werden können. Bei solchen Umwandlungsprozessen gilt weiterhin das generelle Energieerhaltungsprinzip, sodass bei einer unvollständigen Energieumwandlungsmöglichkeit der "Rest" dann eine andere Energieform annehmen muss. Dies ist gleichbedeutend damit, dass man den unterschiedlichen Energieformen eine bestimmte Qualität zuschreibt. Diese bemisst sich genau nach dieser Umwandlungsmöglichkeit. Die höchstwertigste Energieform ist damit diejenige, die (prinzipiell) vollständig in jede andere Energieform umgewandelt werden kann. Um dies quantifizieren zu können, unterteilt man jede Energieform in zwei komplementäre Anteile:

- Exergie: Teil der Energie, der beliebig umgewandelt werden kann,
- Anergie: der verbleibende Rest.

Tabelle 38.1 zeigt, wie groß der Exergieteil der fünf zuvor erwähnten Energieformen ist. Es zeigt sich, dass nur die thermisch gespeicherte INNERE ENERGIE "aus dem Rahmen fällt", das aber mit erheblichen Konsequenzen.

Mit den Begriffen der Exergie und Anergie lassen sich physikalische Vorgänge im Zusammenhang mit der Energienutzung korrekt beschreiben. Dabei tritt bei einer Energienutzung stets ein Umwandlungsprozess auf. Zwei Beispiele sind:

(1) Nutzung elektrischer Energie in einem Fahrstuhl.
Dabei wird die potenzielle Energie eines nach oben beförderten Körpers erhöht.

(2) Nutzung elektrischer Energie zur Erhöhung der Raumtemperatur. Dabei wird die thermisch gespeicherte innere Energie in einem Raum erhöht.

Im ersten Beispiel tritt eine Energieumwandlung von elektrischer zu potenzieller Energie auf. Gemäß Tab. 38.1 sind beides höchstwertige Energien (100 % Exergie). In der Realität wird aber der "Gewinn" an potenzieller Energie deutlich kleiner sein als der Einsatz an elektrischer Energie. Es treten bei dem zugehörigen Prozess offensichtlich Verluste auf. Dies sind aber nicht etwa Verluste von Energie, sondern von Exergie, also Qualitätsverluste. Der Teil der ursprünglich elektrischen Energie, der nicht in der erhöhten potenziellen Energie des nach oben beförderten Körpers wiederzufinden ist, hat die innere Energie der (näheren) Umgebung erhöht. Diese besteht aber nach Tab. 38.1 nicht zu 100 % aus Exergie. Ganz im Gegenteil besitzt diese Energie überhaupt nur dort einen Exergieteil, wo Temperaturen und Drücke herrschen, die nicht dem generellen Temperatur- und Druckniveau der Umgebung entsprechen. Dieser Exergieteil ist sehr klein, wenn keine sehr hohen Temperaturen bzw. Drücke auftreten. Mit der Zeit kühlen die zunächst erwärmten Bereiche in der näheren Umgebung auf das generelle Umgebungstemperaturniveau ab und damit ist dieser Teil der ursprünglichen elektrischen Energie vollständig entwertet. Für diesen Teil ist die Exergie vollständig in Anergie verwandelt worden.

Was im zweiten Beispiel geschieht, ist jetzt schon klar erkennbar: Elektrische Energie wird unmittelbar eingesetzt, um die innere Energie der Umgebungsluft zu erhöhen. Ursprünglich hochwertige elektrische

**Tabelle 38.1:** Exergieteile verschiedener Energieformen

| Energieform | Exergieteil |
|---|---|
| (1) chemisch gespeicherte innere Energie | 100 % |
| (2) thermisch gespeicherte innere Energie | < 100 % |
| (3) mechanische Energie | 100 % |
| (4) potenzielle Energie | 100 % |
| (5) elektrische Energie | 100 % |

Energie wird in Energie umgewandelt, die nur einen sehr geringen Exergieteil besitzt, es wird also sehr viel Exergie vernichtet (und damit in Anergie umgewandelt). Wird nach Erreichen der gewünschten Raumtemperatur weiter geheizt, um die "Wärmeverluste" auszugleichen, wird die dann eingesetzte Exergie vollständig vernichtet, weil die elektrische Energie letztendlich Teil der Umgebungsenergie wird.

Insgesamt wird damit deutlich, dass wir nicht etwa Energie verbrauchen, sondern Exergie vernichten, d. h. die eingesetzte Energie entwerten. Es müsste also im Sinne der Überschrift zu diesem Phänomen heißen: "Ein durchschnittlicher 4-Personen-Haushalt entwertet im Jahr etwa 5000 kWh elektrische Energie vollständig".

39 **Das Phänomen:** Der Strom kommt aus der Steckdose, das Benzin aus dem Zapfhahn - wie viel Energie "verbrauchen" wir eigentlich - und wie viel könnten wir einsparen?

Energieangaben in kJ (Kilo-Joule) und kWh (Kilo-Wattstunden) sind nicht sehr anschaulich, so dass wir häufig keine klare Vorstellung über unseren Energie"verbrauch" haben. Damit einher geht dann auch das Unwissen darüber, wie viel Energie wir mit bestimmten Maßnahmen (vielleicht sogar problemlos) einsparen könnten.

**Bild 39.1:** Anzeige auf dem Stromzähler im Haushalt

## ...und die Erklärung

Bezüglich der Formulierung Energie"verbrauch" sei auf das Phänomen Nr. 38 zum Thema Energieverbrauch verwiesen. Dort wird ausgeführt, dass dieser Begriff eine Energieentwertung meint, die beim Einsatz hochwertiger elektrischer Energie auftritt.

Die Maßangaben für Energien, die im häuslichen Alltag vorkommen, sind

- Joule (J) bzw. in der Regel Kilo-Joule (kJ)[1],
- Watt-Sekunden (Ws) bzw. in der Regel Kilo-Watt-Stunden (kWh).

Die eigentliche Energie-Grundeinheit ist dabei ein Joule. Mit Watt = Joule pro Sekunde (W = J/s) ist dann Watt-Sekunde (Ws) ebenfalls diese Grundeinheit. Die Tausender-Einheiten (Kilo-) und Stunden anstelle von Sekunden werden eingeführt, um unhandlich große Zahlenwerte zu vermeiden. Dann ist der durchschnittliche jährliche elektrische

[1]Dies ist die international gültige SI-Einheit für die Energie. Zur früher verwendeten Einheit der Kalorie (cal bzw. kcal) gilt der Zusammenhang 1 cal = 4,1868 J.

© Springer Fachmedien Wiesbaden GmbH, ein Teil von Springer Nature 2018
H. Herwig, *Ach, so ist das?*, https://doi.org/10.1007/978-3-658-21791-4_39

Energieeinsatz eines 4-Personen-Haushalts (s. Phänomen Nr. 38 zum Thema Energieverbrauch) 5000 kWh anstelle von 18 000 000 000 Ws.

Pro Tag setzt der beschriebene Durchschnittshaushalt[1] damit etwa 13,7 kWh elektrische Energie ein.[2]

Diese elektrische Energie macht aber nur etwa 20 % der insgesamt eingesetzten Energie aus, da zusätzlich noch große Energiemengen für die Heizung (unterstellt, dies geschieht nicht elektrisch, sondern z. B. durch den Einsatz von Erdgas) erforderlich sind. Häufig wird auch der Kraftstoffbedarf für den eigenen Pkw eingerechnet, so dass sich ungefähr ein Energiebedarf, wie in Bild 39.2 skizziert, ergibt. Diese Angaben stellen grob die Aufteilung dar; in unterschiedlichen Quellen findet man im Detail aber durchaus variierende Angaben. Um die eingesetzten Energien vergleichen zu können, sind in Tab. 39.1 einige grobe Zahlenwerte zu den Energien angegeben, die in Bild 39.2 vorkommen. Dabei ist zu beachten, dass Preise weitgehend "politische Preise" sind, die nicht zuletzt durch die erhobenen Steuern aktiv gestaltet werden. Unter ökologischen Gesichtspunkten sollte

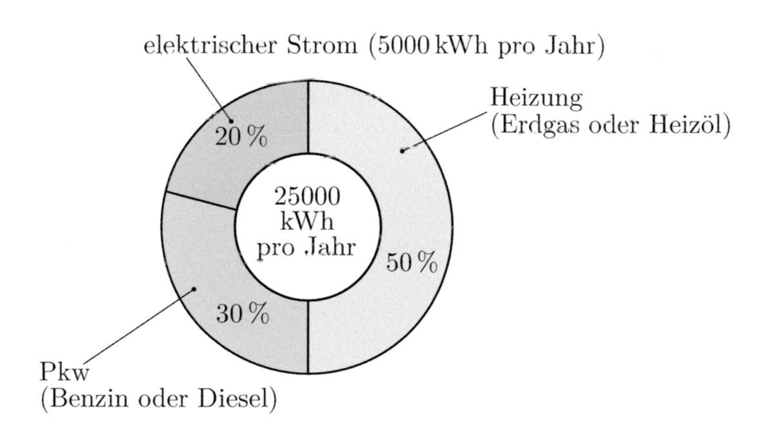


**Bild 39.2:** Grobe Aufteilung des Energieeinsatzes eines 4-Personen-Haushalts

[1]Der 4-Personen-Haushalt ist hier als Beispiel gewählt, um konkrete Zahlenwerte angeben zu können. Für andere Haushaltsgrößen gelten die nachfolgenden Ausführungen weitgehend analog. Im konkreten Fall sind lediglich die Zahlenwerte anzupassen.

[2]Was bei einem "guten Preis" von 25 Cent/kWh Kosten von ca. Euro 3,50 verursacht.

- der Energieeinsatz überall dort verringert werden, wo dies durch gezielte Maßnahmen, ohne unzumutbaren Komfortverlust und auf Dauer, möglich ist.
- Energie möglichst effektiv eingesetzt werden, was generell heißt, mit dem kleinstmöglichen Exergieverlust. In diesem Sinne ist ein Dieselmotor effektiver als ein Ottomotor, sollte Heizen mit elektrischem Strom unbedingt vermieden werden und kann eine Wärmepumpe sehr sinnvoll sein.
- Energie aus regenerativen Quellen verwendet werden.

**Tabelle 39.1:** Heizwert und typische Preise verschiedener Energiequellen

| Energieträger | Heizwert kWh/kg | Preis (Stand 2013) Cent/kWh |
|---|---|---|
| Heizöl | 11,8 | 4 |
| Erdgas (H) | 13 | 6 |
| Benzin (Super) | 12 | 16 |
| Diesel | 11,8 | 14 |
| elektrischer Strom | - | 25 |

**40** **Das Phänomen:** Heizen mit der Energie der Umgebung: die Wärmepumpe

Bekanntlich fließt ein Wärmestrom stets in Richtung abnehmender Temperatur (im allgemeinen Sprachgebrauch "von warm zu kalt"). Mit einer Wärmepumpe will man die innere Energie der Umgebung nutzen, die z. B. bei einer Temperatur von 5 °C vorliegt, um damit Räume im Haus zu heizen, die eine angenehme Temperatur von mindestens 20 °C besitzen sollen. Dies ist in der Tat mit einer Wärmepumpe möglich.

**Bild 40.1:** Im Garten verlegte Schläuche nutzen die Energie der Umgebung - auch im kalten Winter - zum Heizen des Hauses. Ist das wirklich möglich?

## ...und die Erklärung

Um das Prinzip einer Wärmepumpe verstehen zu können, muss man sich zunächst vergegenwärtigen, dass Energien nicht nur durch ihre Quantität, sondern auch durch ihre Qualität charakterisiert sind. Als Qualitätsmaß einer Energie dient dabei die Angabe, mit welchem Teil der Energie prinzipiell mechanische Arbeit verrichtet werden kann. Dies wird als Arbeitsfähigkeit der Energie bezeichnet und mit dem Begriff der EXERGIE belegt. Jede Energie besteht damit zu einem bestimmten Teil aus Exergie, der als prozentualer Anteil zwischen 0 % und 100 % angegeben werden kann. Der verbleibende Rest wird ANERGIE genannt. Vor diesem Hintergrund sind nun im Zusammenhang mit Wärmepumpen zwei Aspekte von Bedeutung (s. Tab. 40.1 für alle im Folgenden verwendeten physikalischen Größen):

(1) Innere Energie (der Umgebung, des geheizten Raumes, ...) kann einen Exergieteil (d. h. eine Arbeitsfähigkeit) besitzen. Dieser ist entscheidend von der Differenz $\Delta T$ ihrer Temperatur zur

© Springer Fachmedien Wiesbaden GmbH, ein Teil von Springer Nature 2018
H. Herwig, *Ach, so ist das?*, https://doi.org/10.1007/978-3-658-21791-4_40

**Tabelle 40.1:** Beteiligte physikalische Größen

| Symbol | Einheit | Bedeutung |
|---|---|---|
| $\Delta T$ | K | Temperaturdifferenz zur Umgebungstemperatur |
| $T_{\mathrm{U}}$ | K | Umgebungstemperatur |
| $T_{\mathrm{R}}$ | K | Raumtemperatur |
| $T_{\mathrm{V}}$ | K | Verdampfungstemperatur |
| $T_{\mathrm{K}}$ | K | Kondensationstemperatur |
| $\dot{Q}_{\mathrm{R}}$ | kW | Heizwärmestrom |
| $\dot{Q}_{\mathrm{U}}$ | kW | Wärmestrom aus der Umgebung |
| $P$ | kW | Antriebsleistung |
| $p_{\mathrm{V}}$ | $\mathrm{N/m^2}$ | Druck bei der Verdampfung |
| $p_{\mathrm{K}}$ | $\mathrm{N/m^2}$ | Druck bei der Kondensation |
| $\epsilon_{\mathrm{WP}}$ | - | Wärmepumpen-Leistungszahl |
| $\eta$ | - | Kraftwerks-Wirkungsgrad |

Umgebungstemperatur abhängig. Nur wenn $\Delta T = T - T_{\mathrm{U}}$ von Null verschieden ist, liegt ein von Null verschiedener Exergieteil vor.[1]

(2) Exergie kann niemals erzeugt, wohl aber vernichtet werden.[2] Man kann Exergie in ein System übertragen (zusammen mit der zugehörigen Energie), aber man kann sie nicht erzeugen. Wenn der Exergieteil in einem bestimmten Prozess durch Vernichtung abnimmt, spricht man von Exergieverlust und davon, dass die Energie entwertet wird.

Zurück zur Wärmepumpe: Damit soll Energie aus der Umgebung (kein Exergieteil) in den zu heizenden Raum gelangen, dessen innere Energie einen von Null verschiedenen, wenn auch geringen Exergieteil besitzt, weil für den Raum $T > T_{\mathrm{U}}$ gilt. Im Zuge dieses Übertragungsprozesses

[1] Es gibt auch noch einen Druckeinfluss, dieser spielt hier aber keine Rolle.

[2] Dies folgt unmittelbar aus dem Zweiten Hauptsatz der Thermodynamik, der bzgl. dieser Aussage bis heute nicht widerlegt worden ist.

muss die Umgebungsenergie "mit Exergie angereichert werden", damit die in den Raum gelangende Energie dann mindestens den Exergieteil besitzt, den die innere Energie des Raums (mit und wegen $T > T_U$) bereits aufweist. Dies klingt sehr abstrakt, ist aber der physikalische Hintergrund für den technischen Prozess, der jetzt anschließend beschrieben werden soll.

Der technische Prozess, der in einer Wärmepumpe realisiert ist, kann nach den vorherigen Ausführungen als "Exergieanreicherungsprozess" bezeichnet werden und läuft in einer häufig gewählten Ausführung als sog. *Kompressions-Wärmepumpenprozess* in folgenden vier Teilprozessen ab, die ein Arbeitsfluid (Kältemittel) in einem geschlossenen Kreislauf durchläuft, s. dazu Bild 40.2(a).

(1) Über z. B. im Erdreich verlegte Rohre gelangt Energie in Form von Wärme an ein Arbeitsmittel, das durch diese Rohre strömt. Wenn das Erdreich eine bestimmte niedrige Temperatur $T_U$ im Sinne einer Umgebungstemperatur besitzt, muss das Arbeitsmittel noch kälter sein, damit es einen Wärmestrom vom Erdreich in das Arbeitsmittel gibt. Das Arbeitsmittel würde sich aber bereits kurz nach dem Eintritt in die im Erdreich verlegten Rohre so stark erwärmen, dass keine ausreichende treibende Temperaturdifferenz für einen weiteren Wärmeübergang vorhanden wäre. Der "Trick" besteht nun darin, die Energie nicht über eine Temperaturerhöhung (sensibel), sondern über einen Phasenwechsel flüssig → gasförmig (latent) zu speichern. Bei diesem Verdampfungsvorgang bleibt die Temperatur $T_V$ konstant. Das Rohrsystem fungiert damit als Verdampfer. In Bild 40.2(b) ist dieser Zweiphasen-Gleichgewichtszustand als ein Punkt auf der DAMPFDRUCKKURVE im $(p, T)$-Diagramm bei der Temperatur $T_V$ eingetragen. Im darüber eingezeichneten Anlagenschema entspricht dies dem Bauteil "Verdampfer". Hier gelangt die Energie aus der Umgebung in das Arbeitsmedium, die aufgenommene Energie hat aber noch keinen (nennenswerten) Exergieteil, weil die Temperatur noch sehr nahe an der Umgebungstemperatur liegt.

(2) Das jetzt gasförmige Arbeitsmedium wird im zweiten Teilprozess verdichtet. Dabei steigen der Druck und die Temperatur an. Die

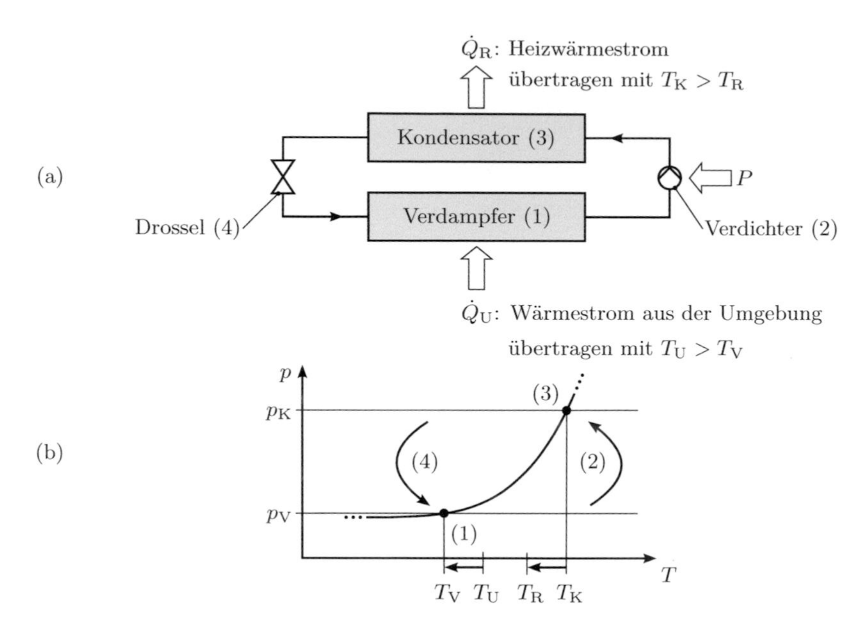


**Bild 40.2:** Wärmepumpen-Teilprozesse (1) bis (4)
(a) Prinzipielles Schaltschema einer Kompressions-Wärmepumpe
(b) Dampfdruckkurve des Arbeitsmittels; Kennzeichnung der vier Teilprozesse

Temperaturerhöhung ist genau das, was man für die Heizung des Raums benötigt, die Energie muss jetzt nur noch aus dem (warmen) Arbeitsmittel an den Raum übertragen werden. Für die Verdichtung ist eine Antriebsleistung $P$ im Verdichter erforderlich, die als mechanische Leistung vollständig aus Exergie besteht und als solche weitgehend in das Arbeitsmittel übergeht. Dabei erhöht sich die Temperatur des Arbeitsmittels auf $T_K$. Dies kann als Exergieanreicherung der zuvor aus der Umgebung an den Verdampfer übertragenen Energie interpretiert werden.

(3) In einem Kondensator kann jetzt der Phasenwechsel gasförmig $\rightarrow$ flüssig bei der konstanten Temperatur $T_K > T_R$ erfolgen, so dass eine treibende Temperaturdifferenz für eine Wärmeübertragung in den Raum mit der Temperatur $T_R$ vorhanden ist, s. Bild 40.2(a). Die Energie wird jetzt auf dem erhöhten Temperaturniveau $T_K > T_U$ übertragen; sie besitzt damit wie die

im warmen Raum gespeicherte Energie einen Exergieteil (der in Schritt (2) zugeführt worden war).

(4) Da das Arbeitsmittel in einem geschlossenen Kreislauf umläuft, muss es wieder auf das niedrige Druckniveau des Verdampfers gebracht werden, was in einer einfachen Drossel geschieht, die vom flüssigen Arbeitsmedium durchlaufen wird.

Der entscheidende Vorgang bei der Wärmepumpe ist die Exergieanreicherung der Energie, die aus der Umgebung entnommen wird und damit anschließend zu Heizzwecken auf einem Temperaturniveau $T_{\mathrm{K}} > T_{\mathrm{U}}$ genutzt werden kann.

Hinweis: Ein ganz analoger Gesamtprozess ist in einer Kältemaschine (z. B. dem häuslichen Kühlschrank) realisiert, es liegen lediglich andere Temperaturniveaus vor, s. dazu auch das Phänomen Nr. 12 zum Thema Kühlen eines Raums.

**41** **Das Phänomen:** Bei starkem Wind geben Überland-Stromleitungen "singende Geräusche" von sich

Überland-Stromleitungen können dann, wenn Wind herrscht, deutlich hörbare Töne von sich geben. Wenn dabei eine Böe auftritt, bei der es momentan zu höheren Windgeschwindigkeiten kommt, heulen die Drähte geradezu auf, sie können also Töne unterschiedlicher Frequenz abgeben.
Diesen Effekt kann man "nachbilden", indem ein Gegenstand an einer Schnur schnell im Kreis bewegt wird.

**Bild 41.1:** Bei starkem Wind "singende" Überland--Stromleitungen

## ...und die Erklärung

Die deutlich hörbaren Töne entstehen bei der Umströmung der Leitungen. Etwas abstrahiert handelt es sich um die Umströmung von Kreiszylindern. Wenn dabei Töne entstehen, müssen die umströmten Stromleitungen (Kreiszylinder) also als Schallquelle dienen. Unter Schall versteht man die Ausbreitung kleiner Druckstörungen in einer (meist ruhenden) Umgebung. Diese Druckstörungen kommen mit einer bestimmten Geschwindigkeit an unseren Ohren an und werden dort als Töne wahrgenommen. Die Tonhöhe wird durch die Frequenz bestimmt, mit der die Druckstörungen erzeugt werden. Die Ausbreitungsgeschwindigkeit, auch Schallgeschwindigkeit genannt, beträgt in Luft bei "normalen" Druck- und Temperaturverhältnissen etwa $340\,\mathrm{m/s} \approx 1200\,\mathrm{km/h}$.

Um zu verstehen, wie die wahrnehmbaren Töne an den umströmten Stromleitungen entstehen, muss man also das zeitabhängige Strömungsfeld betrachten und dahingehend analysieren, welche regelmäßigen,

© Springer Fachmedien Wiesbaden GmbH, ein Teil von Springer Nature 2018
H. Herwig, *Ach, so ist das?*, https://doi.org/10.1007/978-3-658-21791-4_41

hochfrequenten Änderungen auftreten. Diese Änderungen findet man in Form von Wirbeln, die sich (aus Sicht der Strömung) hinter dem Kreiszylinder bilden, anwachsen, ablösen und anschließend mit der Strömung vom Kreiszylinder entfernen, wie dies in Bild 41.2 skizziert ist. Obwohl die geometrische Anordnung vollkommen symmetrisch zur Mittelebene ist und auch die Anströmung in diesem Sinne keine Unsymmetrie aufweist, entstehen aber nicht etwa gleichzeitig zwei Wirbel, die dann auch gemeinsam ablösen würden, sondern es kommt zu einer alternierenden Bildung und Ablösung der Wirbel am sog. Ablösepunkt, abwechselnd auf der einen und auf der anderen Seite. Dies bedeutet, dass im Strömungsfeld nicht nur eine periodische Störung entsteht, sondern diese auch zu einer periodischen Unsymmetrie im Nachlauf führt.
Dieses Strömungsphänomen wird zur Erinnerung an den bedeutenden ungarisch-deutsch-amerikanischen Physiker und Luftfahrttechniker Theodor von Kármán (1881 - 1963) als *Kármánsche Wirbelstraße* bezeichnet, die durch eine bestimmte (Ablöse-)Frequenz gekennzeichnet ist. Diese entspricht der Tonfrequenz, die wir hören, wenn an einer Stromleitung durch dieses Strömungsphänomen hinreichend starke Druckstörungen in der Umgebungsluft erzeugt werden.

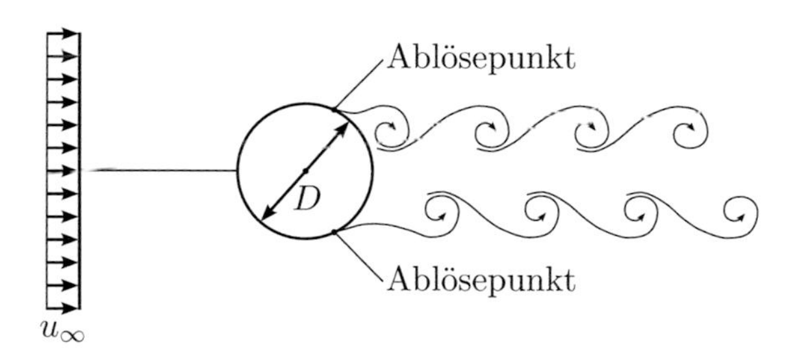


**Bild 41.2:** Kármánsche Wirbelstraße hinter einem angeströmten Kreiszylinder

## Ein einfaches Experiment

Wenn man (beim Baden) einen Arm unter Wasser schnell gegen das stehende Wasser bewegt (und damit die Umströmung des kreiszylinderförmigen Unterarms erzwingt) kann man die Kármánsche Wirbelstraße bzw. ihre Auswirkungen auf den Unterarm deutlich spüren. Es kommt zu einer niederfrequenten Querbewegung des Unterarms und zwar mit umso höherer Frequenz je schneller der Arm bewegt wird.

**42** **Das Phänomen:** Wetterbericht: ... morgen früh bis −4 °C mit einer gefühlten Temperatur von −10 °C ...

Seit einiger Zeit wird der tägliche Wetterbericht immer mehr ausgeschmückt und erhält allmählich den Charakter einer Unterhaltungssendung. Dazu gehört offensichtlich auch die Angabe einer *gefühlten Temperatur*. Es stellt sich aber heraus, dass damit durchaus ein ernst zu nehmendes Konzept verbunden ist. Es gibt eine eindeutige Definition der zunächst sehr subjektiv erscheinenden gefühlten oder auch fühlbaren Temperatur.

**Bild 42.1:** Auszug aus dem Wetterbericht

## ...und die Erklärung

Zunächst bleibt festzuhalten, dass wir überhaupt keine Temperaturen im Sinne von bestimmten Werten, wie 20 °C o. ä. direkt fühlen können, s. dazu das nachfolgende "einfache Experiment". Was wir mit den entsprechenden Sensoren in unserer Haut fühlen, sind Wärmeströme, also ein Aufheizen bzw. Abkühlen der Haut, was wir dann als "warm" oder "kalt" empfinden. Gewohnt, Temperaturen auf einem Thermometer abzulesen, übersetzen wir diese Empfindungen dann in Zahlenwerte einer vermeintlich "gefühlten Temperatur".

Die unterschiedlichen, tatsächlich gefühlten Wärmeströme entstehen, wenn zwischen der Hautoberfläche und der Umgebung unterschiedliche Temperaturdifferenzen auftreten. In diesem Sinne entsteht ein bestimmter Wärmestrom von der Hautoberfläche an die Umgebung, wenn die Temperatur der ruhenden Umgebungsluft niedriger als die Hauttemperatur ist. Dieser Wärmestrom wird umso größer, je größer die Temperaturdifferenz, d. h. zum Beispiel je niedriger die Umgebung-

© Springer Fachmedien Wiesbaden GmbH, ein Teil von Springer Nature 2018
H. Herwig, *Ach, so ist das?*, https://doi.org/10.1007/978-3-658-21791-4_42

stemperatur ist. Er steigt aber genauso an, wenn bei unveränderter Temperaturdifferenz die Luft in Bewegung versetzt wird, weil eine solche Strömung den Wärmeübergang verbessert.

Da wir diese tatsächlich gefühlten Wärmeströme in vermeintlich gefühlte Temperaturen übersetzen, führen beide Effekte zum selben Ergebnis: Eine echte Absenkung der Temperatur in ruhender Luft und eine einsetzende Umströmung bei unveränderter Temperatur werden als Absenkung der Temperatur empfunden: "... morgen früh bis −4 °C mit einer gefühlten Temperatur von −10 °C ... " - eben weil es sehr windig sein wird! Die konkret "gefühlte" Temperatur kann dabei auf der Basis einer eindeutigen Definition genau angegeben werden.

## Ein einfaches Experiment

Wer immer noch Zweifel hat und überlegt, ob wir mit unseren thermischen Sensoren in der Haut nicht vielleicht doch Temperaturen "messen" können, sollte folgendes einfache Experiment durchführen.

Zwei offene Gefäße, die groß genug sind, um jeweils eine Hand aufzunehmen, werden mit Wasser befüllt, und zwar eins mit kaltem und eins mit warmen Wasser. Dann wird z. B. die linke Hand in das kalte und die rechte Hand in das warme Wasser getaucht. Der Eindruck: Das Wasser im linken Gefäß ist deutlich kälter als das im rechten Gefäß – und man ist versucht zumindest näherungsweise Temperaturen zuzuordnen. Also sind unsere Hände doch "Thermometer"?

Das ist aber erst Teil Eins des Experiments! Jetzt werden beide Hände aus dem Wasser genommen und gegeneinander gehalten. Für lange Zeit fühlt sich die linke Hand kalt und die rechte Hand warm an. Aber: An der Kontaktfläche gibt es unmittelbar nach der Berührung beider Hände nur eine einheitliche Temperatur und nicht etwa einen bleibenden Temperatursprung!

Wenn von den Händen Temperaturen gemessen würden, müsste die Information aus beiden Händen dieselbe sein, da sie ja beide angeblich die(selbe) Kontakt-Temperatur messen!

Was geschieht wirklich? Die kalte und die warme Hand im Kontakt führen zu einem Temperaturausgleich, bei dem über die Kontaktfläche zwischen beiden Händen für längere Zeit ein Wärmestrom fließt (mit der entsprechenden Wärmestromdichte $\dot{q}_\mathrm{W}$). Dieser Wärmestrom fließt in die kalte linke Hand und kommt aus der warmen rechten Hand.

Da die thermischen Sensoren in der Haut genau diese Wärmeströme messen, die an der linken und rechten Hand aber ein unterschiedliches Vorzeichen besitzen, fühlen wir eine Hand als kalt und eine als warm, obwohl an der Messstelle eine für beide Hände einheitliche Temperatur herrscht. In diesem Sinne empfinden wir etwas als "kalt", wenn die Temperatur niedriger als die Hauttemperatur ist (weil dann ein Wärmestrom aus der Hand herausfließt) und als warm, wenn die Temperatur oberhalb der Hauttemperatur liegt (weil dann ein Wärmestrom in die Hand fließt). Also ist die einzige gesicherte Temperaturinformation diejenige über "höher oder niedriger" als die Hauttemperatur.

Wenn die bisherige "Versuchsdurchführung" noch nicht wirklich überzeugend war, kann jetzt das warme und das kalte Wasser gemeinsam in ein drittes Gefäß geschüttet werden. Dies enthält dann lauwarmes Wasser einer einheitlichen Temperatur, da sehr schnell eine Durchmischung stattfindet. Wenn jetzt beide Hände gleichzeitig in dieses Gefäß getaucht werden, dürfte auch der größte Skeptiker überzeugt werden: Wir "messen" gleichzeitig eine hohe und eine niedrige Temperatur!

**43** **Das Phänomen:** Als "Warmblüter" müssen wir Menschen für eine konstante Körpertemperatur sorgen - was nicht immer ganz einfach ist

Wenn wir vor Kälte zittern oder bei großer Hitze schwitzen, so ist dies für uns zunächst nur Ausdruck extrem unangenehmer Umgebungstemperaturen. Dass wir dabei ganz gezielt und physikalisch sinnvoll Mechanismen einsetzen, die unsere Körperkerntemperatur nahezu konstant halten, dürften die wenigsten von uns bemerken. Ebenso, dass dabei ein "ausgeklügeltes" Regelungssystem in unserem Körper dafür sorgt, dass dies möglich ist.

**Bild 43.1:** Vor Kälte zittern oder "wie verrückt" schwitzen

## ...und die Erklärung

Im Tierreich werden drei Gruppen danach unterschieden, wie sich die Körpertemperatur im Vergleich zur Umgebungstemperatur verändert.

(1) Homoiotherme Tiere: hohe konstante Körpertemperatur, Regulierung in engen Grenzen; umgangssprachlich: Warmblüter; Beispiele: Menschen, fast alle Säugetiere, alle Vögel

(2) Poikilotherme Tiere: Körpertemperatur folgt passiv der Umgebungstemperatur; umgangssprachlich: wechselwarme Tiere; Beispiele: Fische, Amphibien, Reptilien

(3) Heterotherme Tiere: Zeitliche und/oder örtliche Variation der Körpertemperatur; Regulierung, aber nicht in engen Grenzen; Beispiele: wüstenbewohnende Säugetiere, Bienen und Hummeln

Der Mensch gehört bzgl. seiner Thermoregulation zur ersten Gruppe, besitzt also einen homoiothermen Organismus. Eine nahezu konstante

© Springer Fachmedien Wiesbaden GmbH, ein Teil von Springer Nature 2018
H. Herwig, *Ach, so ist das?*, https://doi.org/10.1007/978-3-658-21791-4_43

Körpertemperatur von etwa 37 °C wird dabei im sog. *Körperkern* (innere Organe sowie Teile von Rumpf und Kopf) realisiert, während es in der sog. *Körperschale* je nach Umgebungsbedingungen zu deutlich davon abweichenden Temperaturen kommen kann.

Der Vorteil einer konstanten Körpertemperatur besteht in einer jederzeitigen und weitgehend gleichförmigen Aktionsbereitschaft des Organismus. Aktivitäten sind dabei weitgehend frei vom momentanen Zustand des Organismus (obwohl Sportler sich sinnvollerweise aufwärmen, bevor sie Höchstleistungen vollbringen). Zusätzlich kann der Organismus über die Höhe des Temperaturniveaus die für ablaufende biologisch-chemische Prozesse günstigste Temperatur "auswählen". Insgesamt liegt bzgl. der Thermoregulation ein hochkomplexer Anpassungsprozess vor. Im Zuge der Evolution sind dabei die verschiedenen Aspekte des Temperaturniveaus, der Energiefreisetzung in den biologisch-chemischen Prozessen und die Körperform bzw. -funktion aneinander angepasst worden. Im Folgenden soll genauer beschrieben werden, wie die Thermoregulation des "heutigen Menschen" vonstatten geht.

Der Ausgangspunkt für diese Überlegungen sind die im Körper freigesetzten Energien, die in einem stationären Zustand (d. h. ohne momentane Aufheizung oder Abkühlung des Körpers) gleichmäßig und vollständig an die Umgebung abgegeben werden müssen. Die Energiefreisetzung in bestimmten Teilen des Organismus, d. h. eine lokale und momentane Erhöhung der inneren Energie, erfolgt:

- biochemisch: z. B. durch den Abbau von Nährstoffen bei Stoffwechselprozessen und durch exotherme Oxidation (hauptsächlich Verbrennung von Kohlenhydraten und Körperfetten),

- mechanisch: z. B. durch Dissipation mechanischer Energie bei Muskelbewegungen, besonders intensiv beim sog. *Kältezittern.*

Die lokal freigesetzten Energien, die zunächst eine Erhöhung der inneren Energie darstellen, können dann in Form von Wärme[1] an benachbarte, danach an weiter entfernte Bereiche des Organismus und

[1]Die in diesem Zusammenhang häufig zu findende Darstellung, es würde "Wärme erzeugt", die dann entsprechend abtransportiert werden müsste, ist sehr unpräzise bzw. irreführend.

letztlich an die Umgebung abgegeben werden. Dazu gibt es verschiedene Mechanismen:

- vom Körperinneren bis zur Hautoberfläche: Wärmeleitung und konvektiver Transport mit dem Blut,
- von der Hautoberfläche in die Umgebung: Wärmeleitung, konvektiver Transport ohne und mit Phasenwechsel (Schwitzen) sowie Wärmestrahlung,
- über die Atemluft direkt an die Umgebung.

In Bild 43.2 sind einige Zahlenangaben enthalten, die aber naturgemäß nur als grobe Richtwerte zu verstehen sind. Alle dort gemachten Angaben sind jede für sich von verschiedenen Parametern abhängig und können deshalb im Einzelfall erheblich von den angegebenen Zahlenwerten abweichen. Dies soll im Folgenden für die drei in Bild 43.2 enthaltenen Tabellen noch etwas näher erläutert werden.[1]

(1) Energiefreisetzung:

Der sog. *Grundumsatz* gibt an, welche Energie pro Zeit der Körper in Ruhe und bei einer bestimmten Umgebungstemperatur abgibt. Diese sog. *Indifferenztemperatur* ist eine Temperatur in der sog. *thermischen Neutralzone*, in der Temperaturen als behaglich und komfortabel empfunden werden. Sie ist diejenige Temperatur mit dem geringsten Grundenergieumsatz und liegt je nach Individuum unbekleidet etwa bei 17 °C bis 31 °C, im bekleideten Zustand etwa bei 18 °C bis 22 °C. Im gegebenen Beispiel ist ein Körpergewicht von 70 kg angenommen worden und die Indifferenztemperatur beträgt 28 °C. Deutliche Abweichungen davon ergeben entsprechend andere Werte für den Grundumsatz. Mit dem Aktivitätsfaktor wird die Erhöhung des Wertes durch verschiedene Tätigkeiten berücksichtigt. So gilt etwa der Faktor 1,2 für ruhiges Sitzen, 1,3 . . . 1,6 für normale Bürotätigkeit und bis zu 10 für schwere körperliche Arbeit. Die Verteilung der Energiefreisetzung gilt für

[1]Die nachfolgenden Zahlenwerte stammen aus: Schmidt, R. F.; Lang, F.; Tews, G. (2005): Physiologie des Menschen: mit Pathophysiologie, Springer Medizin Verlag, Heidelberg

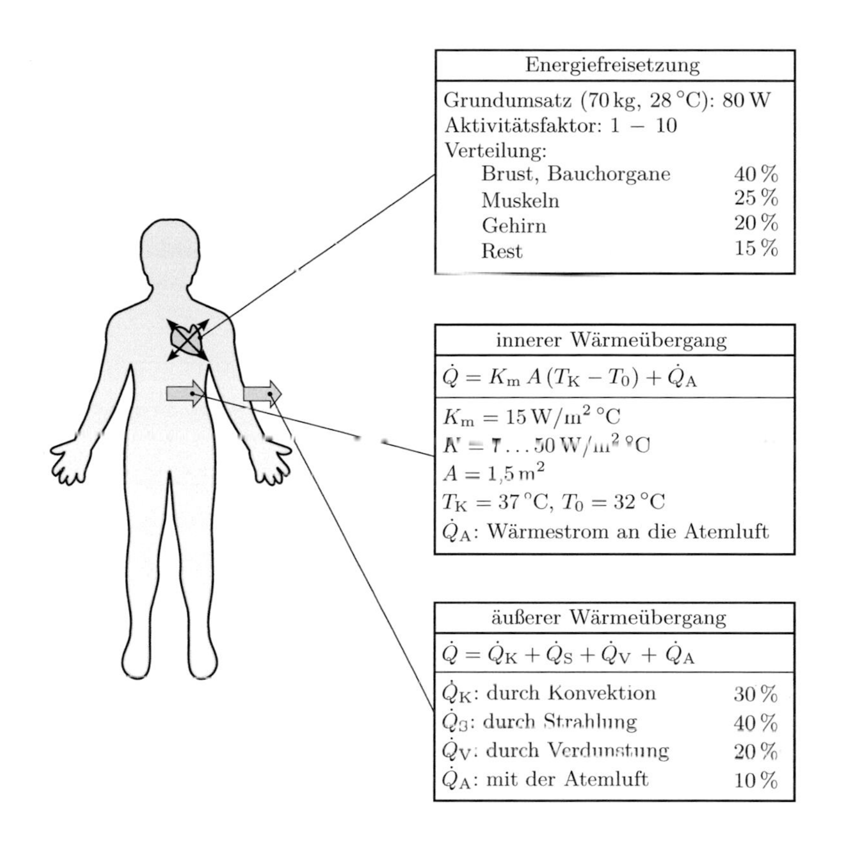


**Bild 43.2:** Zahlenangaben zur Energiefreisetzung und den anschließenden inneren und äußeren Wärmeübergang für einen Körper im ruhenden Zustand; Indifferenztemperatur, 50 % rel. Luftfeuchte

den Körper in Ruhe. Bei entsprechenden Aktivitäten kann der Anteil der Muskulatur auf bis zu 90 % ansteigen.

(2) Innerer Wärmeübergang:

Der Energietransport vom Körperkern zur Oberfläche wird entscheidend durch die Blutströmung bewirkt, indem warmes Blut aus dem Kernbereich in die Nähe der Hautoberfläche gelangt. Dieser sog. konvektive Energietransport ist stets durch Wärmeleitung in das Gewebe begleitet. Da die konkreten Verhältnisse lokal sehr unterschiedlich sind, können nur pauschale Angaben gemacht werden. In diesem Sinne beschreibt ein mittlerer Wärmedurchgangskoeffizient[1] $K_{\text{m}}$ die Effektivität des insgesamt vorliegenden Wärmeübergangs. Dabei wird dann die gesamte Körperfläche $A$ und die sog. treibende Temperaturdifferenz $(T_{\text{K}} - T_0)$ berücksichtigt, mit $T_{\text{K}}$ als Körperkern- und $T_0$ als Hautoberflächentemperatur. Entsprechende Angaben für bestimmte Teilbereiche des Körpers können mit lokalen $K$-Werten erfolgen, die in Bild 43.2 Werte zwischen etwa $7\,\text{W/m}^2\,°\text{C}$ und $50\,\text{W/m}^2\,°\text{C}$ annehmen. Dies zeigt die deutlichen Unterschiede in der Effektivität des Energietransports, je nachdem, wie stark der konvektive Energietransport durch das Blut beteiligt ist. Zusätzlich wird im inneren Wärmeübergang der Wärmestrom an die Atemluft berücksichtigt.

(3) Äußerer Wärmeübergang:

Der an der Hautoberfläche aufgrund des inneren Wärmeübergangs vorhandene Wärmestrom $\dot{Q}$ wird mit einer Kombination aus leitungs- und strahlungsbasiertem Wärmeübergang an die Umgebung abgeführt. Der leitungsbasierte Wärmeübergang wiederum ist eine Kombination aus einem einphasigen konvektiven Wärmeübergang in die umgebende Luft und einem Wärmeübergang mit Phasenwechsel, weil der Körperschweiß auf der Hautoberfläche verdunstet. Während der einphasige Wärmeübergang die hautnahen Luftschichten erwärmt und gleichzeitig konvektiv entfernt, wird beim Verdunstungsvorgang ein großer Teil der zu übertragenden Energie für den Phasenwechsel benötigt (und anschließend mit dem entstandenen Wasserdampf ebenfalls konvektiv entfernt). Der einphasige konvektive Wärmeübergang kann dabei sowohl durch eine gegebene Anströmung der Körperoberfläche entstehen (ERZWUNGENE KONVEKTION) als auch durch Auftriebseffekte in den körpernahen Luftschichten (NATÜRLICHE KONVEKTION).

Der strahlungsbasierte Wärmeübergang erfolgt in Form von elektromagnetischer Wärmestrahlung zwischen der Körperoberfläche und den umgebenden Wänden und Gegenständen. Obwohl dies ein Strahlungsaustausch ist, der Körper also sowohl Strahlung abgibt als auch empfängt, findet eine effektive Energieabgabe an

[1] Anders als sonst in der Wärmeübertragung wird der Wärmedurchgangskoeffizient in diesem Zusammenhang nicht als $U$, sondern als $K$ eingeführt.

die Umgebung statt, wenn die Körpertemperatur höher ist als die (mittlere) Temperatur der umgebenden Wände und Gegenstände.

Mit der Atemluft, die beim Ausatmen eine höhere Temperatur und eine höhere Luftfeuchte besitzt als beim Einatmen, wird ebenfalls effektiv Energie an die Umgebung abgegeben.

**44** **Das Phänomen:** Verdunstungskühlung, oder warum wir schwitzen

Die kühlende Wirkung von verdunstenden Schweißtropfen nehmen wir vielleicht gar nicht als solche wahr, weil wir eben schwitzen, wenn es besonders warm ist. Wenn wir aber z. B. nach dem Baden im Freibad aus dem Wasser gestiegen sind und uns noch nicht abgetrocknet haben, kann es schnell zu einer "Gänsehaut" kommen, weil wir in der Tat wegen der verdunstenden Wassertropfen frieren.

**Bild 44.1:** Schweißtropfen auf der Stirn bei über 30 °C

## ...und die Erklärung

Für eine Erklärung der Vorgänge beim Schwitzen müssen zunächst einige grundlegende Aspekte des Phasenwechsels vom flüssigen zum gasförmigen Zustand von Wasser erläutert werden.

Die *Verdunstung* von Wasser ist ein Wechsel von der flüssigen zur gasförmigen Phase, wenn noch weitere Gaskomponenten vorhanden sind. Wenn dabei nur eine einzige Komponente flüssig und gasförmig vorkommen kann, nennt man deren Gasphase auch Dampf. In diesem Sinne ist feuchte Luft ein GAS-DAMPF-GEMISCH, das im gesättigten Zustand auch flüssiges Wasser enthalten kann.

Dieser Phasenwechsel benötigt (viel) Energie, weil der starke Zusammenhalt der Moleküle im flüssigen Zustand aufgebrochen werden muss, zugunsten einer sehr viel geringeren Bindung im Gaszustand mit viel größeren Molekülabständen. Wenn die Dichte des Dampfes um den Faktor 1000 kleiner ist als diejenige der Flüssigkeit, sind die mittleren Molekülabstände immerhin zehnmal so groß.

© Springer Fachmedien Wiesbaden GmbH, ein Teil von Springer Nature 2018
H. Herwig, *Ach, so ist das?*, https://doi.org/10.1007/978-3-658-21791-4_44

Wenn es zum Phasenwechsel, also zur Verdunstung kommt, muss die dafür erforderliche Energie aufgebracht werden. Dies kann durch einen entsprechenden Wärmestrom an die Phasengrenzfläche geschehen, wie beim Trocknen der Haare mit einem Fön, der warme Luft an die nassen Haare bringt. Wenn kein extern zugeführter Wärmestrom vorliegt, führt eine Verdunstung hingegen zu einer Abkühlung in der näheren Umgebung des verdunstenden Fluids. Die Phasenwechselenergie wird *Verdampfungsenthalpie* genannt und als Wert angegeben, der auf die Masse des phasenwechselnden Fluids bezogen ist. Beim Umgebungsdruck von 1 bar beträgt die VERDAMPFUNGSENTHALPIE von Wasser etwa $\Delta h_{\mathrm{v}} = 2450\,\mathrm{kJ/kg}$. Dass dies ein sehr hoher Wert ist, wird deutlich, wenn man bedenkt, dass nur etwa 340 kJ/kg benötigt werden, um flüssiges Wasser von 20 °C auf 100 °C zu erwärmen. Der dann einsetzende vollständige Phasenwechsel benötigt bei gleichmäßiger Energiezufuhr somit etwa sieben mal mehr Zeit, als für die genannte Erwärmung erforderlich war.

- **Warum wir schwitzen**

  Der menschliche Körper besitzt ein sehr ausgeklügeltes "thermisches Management", um die Körperkerntemperatur stets auf einem Wert von etwa 37 °C zu halten, s. dazu auch das Phänomen Nr. 43 zum menschlichen Wärmehaushalt. Dafür muss permanent ein bestimmter Wärmestrom an die Umgebung abgegeben werden, weil biologische und chemische Prozesse im Körper ständig innere Energie "erzeugen". Ohne diese dauernde Abgabe (genauer: Grundumsatz) von etwa[1] 80 W würde die Körperkerntemperatur den erforderlichen Wert sehr schnell überschreiten. Aus dem Inneren des Körpers gelangt die abzugebende Energie zunächst an die Körperoberfläche, und zwar durch Wärmeleitung und dadurch, dass warmes Blut in Kapillaren an die Körperoberfläche transportiert wird. Letztlich ist aber die Wärmeleitung entscheidend, die einen Temperaturgradienten benötigt, d. h. die Temperatur muss zur Körperoberfläche hin abnehmen. Deshalb beträgt unsere Hauttemperatur nur etwa 30 °C.

[1]Dieser Wert von etwa 80 W gilt für einen erwachsenen Menschen normaler Statur bei leichten Tätigkeiten.

Zwischen Haut und Umgebung gilt es dann, den Wärmestrom von ca. 80 W mit Hilfe eines oder mehrerer Wärmeübertragungsmechanismen zu übertragen. Dafür stehen zunächst die WÄRMELEITUNG, der KONVEKTIVE WÄRMEÜBERGANG und die WÄRMESTRAHLUNG zur Verfügung. Alle drei setzen eine "treibende Temperaturdifferenz" voraus, d. h. die Hauttemperatur muss oberhalb der Umgebungstemperatur liegen. Wenn aber nun die Umgebungstemperatur fast gleich der Hauttemperatur ist, können die genannten Mechanismen den Wärmestrom nicht mehr vollständig bewältigen. Wenn die Umgebungstemperatur gleich oder größer als die Hauttemperatur ist, versagen sie vollständig.

Dann ist ein weiterer Mechanismus entscheidend: die Verdunstungskühlung durch den Phasenwechsel des Schweißes, den der Körper auf die Hautoberfläche befördert. Ursächlich für den Verdunstungsvorgang ist eine Konzentrationsdifferenz des Wasserdampfes zwischen den hautnahen Bereichen mit weitgehend gesättigter feuchter Luft und der entfernteren Umgebung, in der eine ungesättigte feuchte Luft vorliegt. Je näher sich allerdings der Zustand der hautentfernten Luft am gesättigten Zustand befindet, umso schwächer fällt der Verdunstungsvorgang aus. Deshalb schwitzen wir bei hoher Luftfeuchte besonders stark. Der Körper versucht durch viel Schweiß auf der Haut die erforderliche Kühlung zu erreichen. In einer Umgebung mit gesättigter Luft (bei Körperoberflächentemperatur) könnten wir nicht lange überleben.

Entscheidend ist also nicht, dass wir schwitzen, sondern dass der Schweiß verdunstet. Dafür wird die Verdampfungsenthalpie benötigt, die der Körper (gerne) aus seiner inneren Energie zur Verfügung stellt. Sie könnte auch aus der inneren Energie der feuchten Luft stammen (was zum geringen Teil auch der Fall ist), die deutlich bessere Wärmeleiteigenschaft der Haut und der darunter liegenden Bereiche führt aber dazu, dass wesentliche Teile der Verdampfungsenthalpie aus dem Körper stammen und dieser dabei abkühlt.

- **Verdunstungskühlung gezielt eingesetzt**

  Es gibt verschiedene Alltagssituationen, in denen man sich den Kühleffekt bei der Verdunstung zunutze machen kann.

  – Ein (zu) warmer Raum kühlt im Sommer deutlich ab, wenn man feinen Wassernebel versprüht. Die Nebeltropfen haben insgesamt eine große Oberfläche, so dass der Verdunstungsvorgang schnell vonstatten geht und damit auch der Kühleffekt schnell einsetzt. Es ist aber natürlich mit dieser Maßnahme ein dauernder Anstieg der Luftfeuchte im Raum verbunden, so dass dieser Kühlmechanismus nur begrenzt einsetzbar ist. In südlichen Ländern wird ein solcher Nebel gelegentlich im Außenbereich von Gaststätten eingesetzt, wobei dann die Gefahr einer zu hohen Luftfeuchte durch den natürlichen Luftaustausch vermieden wird.

  – Wenn es im Sommer auf der Terrasse zu heiß ist, hilft es, den Boden in gewissen zeitlichen Abständen mit Hilfe des Gartenschlauchs zu befeuchten.

  – Bei Wanderungen in praller Sonne hilft es, die Kopfbedeckung in entsprechenden Abständen anzufeuchten.

  – Bisweilen kühlen Lkw-Fahrer in heißen Gegenden eine warme Getränkedose, indem sie ein nasses Tuch darum wickeln und diese Anordnung am Außenspiegel dem Fahrtwind aussetzen.

## 45 **Das Phänomen:** Der uns umgebende Luftdruck und was wir ihm verdanken

Schwankungen im Luftdruck werden häufig in Wetterberichten gemeldet, wobei wir uns vielleicht nicht immer im Klaren darüber sind, welche Alltagsphänomene wesentlich von dem herrschenden Luftdruck von etwa 1 bar abhängig sind. Handelsübliche Luftdruckmessgeräte zeigen den "normalen" Luftdruck von etwa 760 Torr an, wobei die Skala häufig von 730 Torr bis 790 Torr reicht. Ein Torr entspricht der Einheit mmHg, wobei "ein Millimeter Quecksilbersäule" der Druck ist, der von einer Quecksilbersäule von 1 mm Höhe erzeugt wird. Die 760 Torr entsprechen in anderen Einheiten 1,013 25 bar = 1013,25 mbar = 1013,25 hPa (Hektopascal).

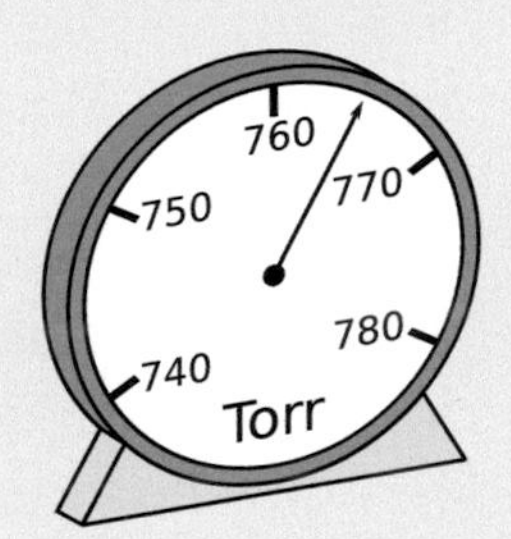


**Bild 45.1:** Luftdruck-Messgerät, Anzeige in Torr

Folgende Phänomene sollen vor dem Hintergrund des herrschenden Luftdruckes untersucht werden:

- wie ein Saugnapf funktioniert,

- warum wir mit einem Strohhalm trinken können,
- warum wir mit Wasser kochen können,
- warum ein mit Helium gefüllter Ballon aufsteigt.

© Springer Fachmedien Wiesbaden GmbH, ein Teil von Springer Nature 2018
H. Herwig, *Ach, so ist das?*, https://doi.org/10.1007/978-3-658-21791-4_45

## ...und die Erklärung

Der bei uns im Alltag herrschende Luftdruck von ca. 1 bar ist die Folge der Gewichtskraft der Luft in der Erdatmosphäre. Ein ähnliches Phänomen ist von Wasser bekannt. Mit größer werdender Tiefe wächst der Druck an, weil die über dem betrachteten Niveau stehende Wassersäule stets höher und damit schwerer wird. Es gibt aber einen wichtigen Unterschied: Wasser besitzt eine nahezu konstante Dichte, so dass der Druckanstieg linear mit der Höhe der Wassersäule erfolgt. Die Dichte von Luft ist aber stark vom Druck und von der Temperatur abhängig, so dass eine andere Abhängigkeit des Drucks von der Höhe der Luftsaule über dem betrachteten Niveau besteht. Für kleine Änderungen in der Höhe (von einigen Metern) kann aber von einem lokalen linearen Druckverlauf ausgegangen werden, da sich dabei die Dichte so gut wie nicht verändert.

Nach dieser kurzen Erklärung können jetzt die vier eingangs genannten Phänomene näher betrachtet werden.

- **Wie ein Saugnapf funktioniert**

  Handtücher im Badezimmer werden häufig an sog. Saugnäpfe gehängt, also an Haken, die ihrerseits in kleinen Kunststofftellern stecken, die sich an glatte Flächen “ansaugen”. Die Erfahrung lehrt, dass dies besonders gut geht, wenn die Saugfläche angefeuchtet wird und dass es gar nicht geht, wenn man den Saugnapf z. B. an einer Tapete anbringen wollte. Die Erklärung ist denkbar einfach: Man muss dafür sorgen, dass der Luftdruck nur auf der Außenseite wirkt, so dass der Saugnapf mit einer entsprechenden Kraft auf die Haftfläche gedrückt wird. Alles was dazu führt, dass der Luftdruck auch auf der Innenseite wirkt, macht die Haltefunktion zunichte. Das Anfeuchten bewirkt in diesem Sinne das Schließen aller Porenkanäle, die Luft unter den Saugnapf leiten könnten. Gemäß seiner Wirkungsweise müsste der Saugnapf aber eigentlich *Drucknapf* heißen!

- **Warum wir mit einem Strohhalm trinken können**

  Wenn wir einen Strohhalm in den Mund nehmen und “daran saugen”, verringern wir die Luftmenge im Mundraum, was zu einer Absenkung des Drucks im Mund führt. Damit entsteht eine

Druckdifferenz, weil über der Flüssigkeit im Trinkgefäß der unveränderte Luftdruck herrscht. Der außen herrschende Luftdruck fördert also die Flüssigkeit in unseren Mund. Die Erfahrung lehrt, dass schon das kleinste Loch im Strohhalm seine Funktion zunichte macht, weil dann im Strohhalm ebenfalls der Umgebungsdruck vorliegt.

- **Warum wir mit Wasser kochen können**

Das Kochen von Kartoffeln, Nudeln, Eiern, ... ist ein Vorgang, bei dem den Lebensmitteln Energie in Form von Wärme zugeführt werden muss, um bestimmte chemische und physikalische Vorgänge auszulösen, s. dazu auch das Phänomen Nr. 16 zum Thema Kochen, braten und backen. Das siedende Wasser ist bei diesem Kochvorgang lediglich der "Vermittler" zwischen der heißen Herdplatte und den Lebensmitteln. Für diesen Prozess des Energietransfers spielen zwei Faktoren eine wichtige Rolle: Die hohe WÄRMELEITFÄHIGKEIT von Wasser (etwa das 25-Fache von Luft) und die hohe Temperatur, die beim Kochvorgang erreicht werden kann. Und hier kommt der Luftdruck wieder ins Spiel, weil er dem Wasser seinen Druck von etwa 1 bar aufprägt. Die Temperatur, bei der Wasser siedet, also in Dampfform übergeht, ist stark druckabhängig und beträgt bei einem Druck von 1 bar etwa 100 °C. Jeder andere Druck würde eine andere Siedetemperatur zur Folge haben, wobei ein niedrigerer Druck niedrigere Siedetemperaturen ergibt.

Die Situation des Phasenwechsels (Flüssigkeit → Dampf) ist für den Kochvorgang aus zweierlei Gründen ideal: Es herrscht ein sehr guter WÄRMEÜBERGANG zu den Lebensmitteln, weil die starken lokalen Strömungsvorgänge kurz vor und während des Siedens den Wärmeübergang positiv beeinflussen, und - was man nicht unterschätzen sollte - es herrschen konstante Verhältnisse, die Temperatur bleibt bei 100 °C und der Wärmeübergang bleibt unverändert (gut). Damit wird deutlich, warum z. B. Eier stets nach ungefähr derselben Kochzeit wie gewünscht weich oder hart gekocht sind, s. dazu auch das Phänomen Nr. 18 zum Thema Eier-Kochen.

- **Warum ein mit Helium gefüllter Ballon aufsteigt**

  Auftriebskräfte sind uns im Alltag geläufig, wie z. B. bei einem Ball, den man nur mit Kraft unter Wasser drücken kann. Solche Auftriebskräfte sind die Folge der ungleichmäßigen Druckverteilung an einem Körper, der sich in einem ihn umgebenden Fluid befindet. Nur weil auf unterschiedlichen Höhenniveaus unterschiedliche Drücke herrschen, kommt es zu Auftriebskräften. Man kann zeigen, dass eine solche Auftriebskraft (stets dem (Erd-) Beschleunigungsvektor entgegen gerichtet) genau der Gewichtskraft des verdrängten Fluidvolumens entspricht, s. dazu auch das Phänomen Nr. 30 zum Thema Auftrieb. Ein Ball unter Wasser oder in der Luft verdrängt in beiden Fällen dasselbe Fluidvolumen, aber einmal Wasser (Dichte $\approx 1000\,\text{kg/m}^3$) und einmal Luft (Dichte $\approx 1{,}2\,\text{kg/m}^3$). Wegen der sehr unterschiedlichen Dichten ist die Auftriebskraft unter Wasser etwa 800-mal größer als in Luft. Ein Ballon steigt nun auf, wenn seine eigene Gewichtskraft (Hülle plus Füllung) kleiner als die Auftriebskraft ist. Da die Dichte von Helium deutlich geringer als diejenige von Luft ist, steigt ein damit gefüllter Ballon auf.

  Mit diesen Überlegungen kann man bereits abschätzen, wie groß ein Ballon für eine echte Ballonfahrt mindestens sein muss, damit er z. B. 300 kg zusätzliche Last tragen kann: Er muss mindestens 300 kg Luft verdrängen, weil er dann ohne Berücksichtigung seines Eigengewichts mit seinem Auftrieb gerade die vorgegebene Last tragen könnte. Bei einer Dichte von $1{,}2\,\text{kg/m}^3$ ist dies ein Volumen von $250\,\text{m}^3$, was einer Kugel von fast 8 m Durchmesser entspricht.

  Diese Überlegungen zeigen aber auch, dass ein Ballon nicht beliebig hoch steigt, sondern nur soweit, dass die mit der Höhe abnehmende Dichte noch ausreicht, um einen Auftrieb zu erzeugen, der die Gewichtskraft kompensiert.

**46**

**Das Phänomen:** Wir leben in einer Welt, in der alles um uns herum eine bestimmte Größe hat, was auch für uns selbst gilt - warum eigentlich?

Erwachsene Menschen sind etwa zwischen 150 cm und 200 cm groß, wir sind von kleinen und großen Tieren umgeben, aber alles hat eine bestimmte Größenordnung. Wäre es nicht auch denkbar, dass alles viel kleiner oder viel größer sein könnte und trotzdem wie bisher funktionieren würde?
Wäre es also denkbar, dass alles um uns herum (einschließlich uns selbst) zehnmal so groß sein könnte, und: Würden wir das dann eigentlich merken?

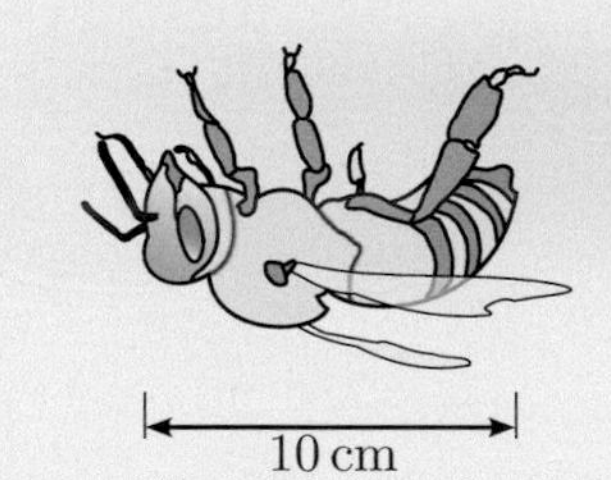


**Bild 46.1:** Ein Insekt von 10 cm Länge landet an der Decke ohne herunterzufallen - eine Fiktion?

## ...und die Erklärung

Lebewesen müssen existieren können, d. h. sie müssen in der Atmosphäre unserer Erde und unter der Wirkung ihrer Gewichtskraft alle lebenswichtigen Funktionen ausüben können. Die Lebewesen auf der Erde haben sich über einen sehr langen Zeitraum hinweg entwickelt, wobei offensichtlich der derzeitige Zustand nicht zufällig entstanden ist. Das heißt aber, dass alle Lebewesen nicht genauso gut zehnmal so groß sein könnten. Es muss also gute, auch physikalische Gründe für die derzeitigen Größenverhältnisse geben.

Ganz generell ist zu vermuten, dass wir mit den momentanen Verhältnissen gut, vielleicht sogar optimal an die Umgebungsbedingungen angepasst sind. Ein solcher Anpassungsprozess ist höchst komplex und umfasst neben den physikalischen auch biologische und chemische Aspekte. Zusätzlich ist die Wechselwirkung zwischen den einzelnen Individuen zu beachten, was (zumindest beim Menschen) auch sozia-

© Springer Fachmedien Wiesbaden GmbH, ein Teil von Springer Nature 2018
H. Herwig, *Ach, so ist das?*, https://doi.org/10.1007/978-3-658-21791-4_46

le und psychologische Aspekte einschließt. Ein nicht unerheblicher Einfluss auf die konkrete Größenentwicklung wird aber durch die physikalischen Gesetzmäßigkeiten ausgeübt, so dass diese im Folgenden isoliert, d. h. ohne Berücksichtigung der Wechselwirkung mit allen anderen Einflüssen betrachtet werden sollen.

Für die lebensnotwendige Beweglichkeit von Lebewesen sind die Kräfteverhältnisse an den jeweiligen Körpern von entscheidender Bedeutung. Aus physikalischer Sicht herrscht zu jedem Zeitpunkt ein Kräftegleichgewicht zwischen den verschiedenen beteiligten Kräften. Tabelle 46.1 listet mögliche Kräfte auf. Bezüglich der Größe von Lebewesen ist ein entscheidender Unterschied, ob die beteiligten Kräfte sog. *Oberflächen-* oder *Volumenkräfte* sind. Damit ist gemeint, ob sie

- an der jeweiligen Oberfläche angreifen und damit proportional zur Körperoberfläche sind, oder ob sie
- am gesamten Volumen angreifen und damit proportional zum Körpervolumen sind.

Um für die weitere Diskussion einen möglichst anschaulichen Fall betrachten zu können, wird als Körper ein Würfel gewählt, der mit der Kantenlänge $L$ eine Oberfläche $6\,L^2$ und ein Volumen $L^3$ besitzt. Ein solcher Würfel, der als homogen unterstellt wird und damit eine konstante Dichte $\varrho_{\mathrm{K}}$ besitzt, hat wie jeder Körper und also auch jedes

**Tabelle 46.1:** Kräfte, die an einem Körper der Länge $L$ angreifen können; Fläche $\sim L^2$; Volumen $\sim L^3$

| Oberflächenkräfte $\sim L^2$ | Volumenkräfte $\sim L^3$ |
|---|---|
| Druckkraft | Gewichtskraft |
| Haftkraft | Zentrifugalkraft |
| Luftwiderstand | Trägheitskraft |
| aerodynamischer Auftrieb | statischer Auftrieb |
| | Gleitreibungskraft |
| | Haftreibungskraft |

Lebewesen die hier entscheidenden Eigenschaften, eine endliche Masse, ein bestimmtes Volumen und eine bestimmte Oberfläche zu besitzen (für alle Größen s. Tab. 46.2). Seine Masse ist

$$m = \varrho_{\text{K}}\, L^3 \tag{46.1}$$

Da alle Volumenkräfte proportional zur Masse des Körpers sind, gilt damit auch generell deren Proportionalität zu $L^3$. Wird weiterhin unterstellt, dass die Oberflächenkräfte auf den einzelnen Seiten des Würfels jeweils gleichmäßig verteilt sind, gilt damit wiederum generell die Proportionalität der Oberflächenkräfte zu $L^2$.

Das stets geltende Kräftegleichgewicht am Körper besteht immer aus mindestens zwei Kräften. Haftet der Würfel z. B. unter einer Fläche, wie in Bild 46.2 gezeigt, so gilt das Kräftegleichgewicht

$$\tau_{\text{H}}\, L^2 = \varrho_{\text{K}}\, g\, L^3 \tag{46.2}$$

mit den einzelnen Größen aus Tab. 46.2. Damit gilt für den Zustand in Bild 46.2

$$\tau_{\text{H}} = \varrho_{\text{K}}\, g\, L \tag{46.3}$$

Die erforderliche Haftspannung $\tau_{\text{H}}$ (Haftkraft pro Fläche) wächst also linear mit $L$ an. Da an der Grenzfläche zwischen zwei Körpern stets nur eine bestimmte endliche Haftgrenzspannung $\widehat{\tau}_{\text{H}}$ (bis zu der Haftung

**Tabelle 46.2:** Beteiligte physikalische Größen

| Symbol | Einheit | Bedeutung |
|---|---|---|
| $L$ | m | Länge |
| $m$ | kg | Masse |
| $\varrho_{\text{K}}$ | kg/m$^3$ | Dichte des Körpers |
| $g$ | m/s$^2$ | Erdbeschleunigung |
| $\tau_{\text{H}}$ | kg/m s$^2$ | Haftspannung |
| $\widehat{\tau}_{\text{H}}$ | kg/m s$^2$ | Haftgrenzspannung |
| $p$ | kg/m s$^2$ | Druck |
| $\widehat{p}$ | kg/m s$^2$ | Grenzdruck |

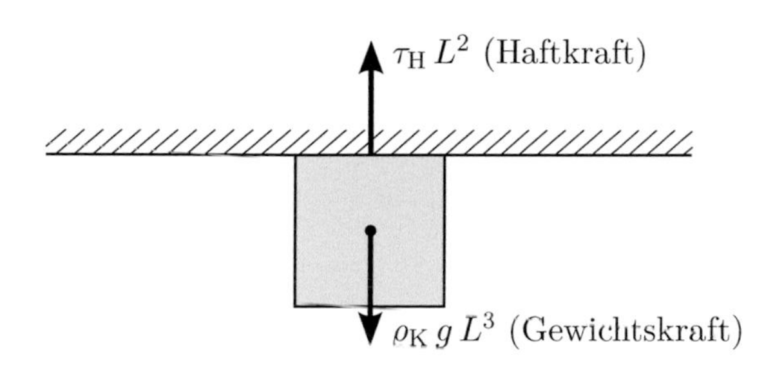


**Bild 46.2:** Haftender Würfel

vorliegt) existiert, muss $\tau_H < \widehat{\tau}_H$ gelten, damit der Körper haftet. Deshalb gilt

$$L \leq \frac{\widehat{\tau}_H}{\varrho_K g} \tag{46.4}$$

als Bedingung für das Haften. Übertragen auf das eingangs erwähnte Insekt bedeutet dies, dass nur Insekten bis zu einer gewissen Größe an der Decke haften können.

Solche Überlegungen führen auch für bestimmte Bewegungssituationen, bei denen sowohl Oberflächen- als auch Volumenkräfte eine Rolle spielen, stets dazu, dass die Länge $L$ mit anderen beteiligten Größen verknüpft bleibt und deshalb auf diese Weise ein "Auswahlkriterium" für bestimmte bevorzugte Längen entsteht. Oftmals entsteht ein solches Kriterium im Sinne von Ober- oder Untergrenzen bzgl. realisierbarer Längen.

So wie eine Fliege einen Grenzwert der Größe besitzt, wenn sie noch an der Decke haften können soll, kann ein Elefant nicht beliebig groß werden, wenn ihn sein Knochengerüst noch tragen soll. Wiederum am Beispiel des Würfels (als Ersatz für den Elefanten) gezeigt, entsteht dabei die Situation in Bild 46.3 ganz analog zu Bild 46.2. Mit einem Grenzdruck $\widehat{p}$, den das Knochengerüst eines Elefanten noch aushalten kann, gilt für die Länge $L$ des Würfels bzw. die Größe des Elefanten

$$L \leq \frac{\widehat{p}}{\varrho_K g} \tag{46.5}$$

Wiederum ist Gl. (46.5) zu entnehmen, dass Elefanten nicht beliebig groß werden können. Dabei ist davon auszugehen, dass Größe ein prin-

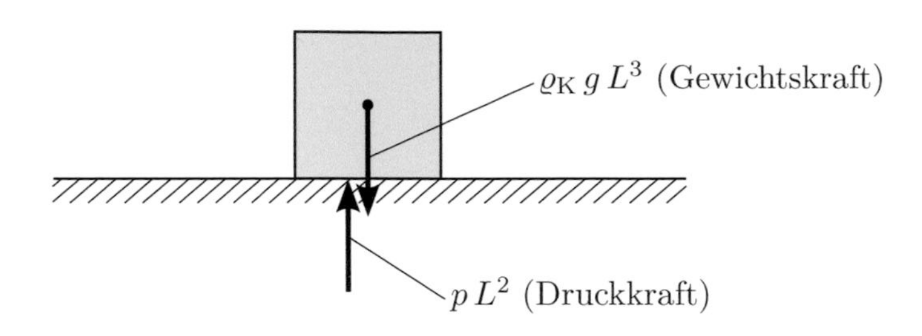


**Bild 46.3:** Liegender Würfel

zipieller Vorteil ist, weil sich größere Tiere aufgrund ihrer physischen Stärke prinzipiell besser durchsetzen können als kleine Tiere.

**Anmerkung**: Die Diskussion, durch welches Ereignis die Dinosaurier von der Erde "getilgt" worden seien, erscheint vor dem Hintergrund der vorherigen Ausführungen in einem etwas anderen Licht. Da es sehr unwahrscheinlich ist, dass ein einzelnes Ereignis (wie ein gelegentlich diskutierter Meteoriten-Einschlag) alle Dinosaurier getötet hat, ist vielmehr anzunehmen, dass sich ab einem bestimmten Zeitpunkt die Lebens- und Umgebungsbedingungen so verändert haben, dass Tiere von der Statur der Dinosaurier diesen nicht mehr hinreichend angepasst waren und deshalb nicht langfristig überlebensfähig gewesen sind.

**47** **Das Phänomen:** Wasser, ein ganz gewöhnlicher "Alltags"-Stoff?

Der alltägliche Umgang mit Wasser in den unterschiedlichsten Situationen ist uns "von Kindesbeinen an" vertraut. Seine Eigenschaften erscheinen dabei so selbstverständlich, dass wir das Gefühl dafür verlieren (oder vielleicht auch nie entwickelt haben), was für ein außergewöhnlicher Stoff Wasser im Vergleich zu vielen anderen Stoffen ist und wie sehr wir auf diese Besonderheiten in unserem alltäglichen Leben angewiesen sind.

**Bild 47.1:** Ist uns immer bewusst, wie wichtig Wasser für uns ist und welche Besonderheiten es aufweist?

## ...und die Erklärung

Das Verhalten von Wasser ist - wie dies grundsätzlich für jeden Stoff gilt - von seiner molekularen Struktur bestimmt. Als $H_2O$ ist es ein dreiatomiges Molekül mit dem in Bild 47.2 gezeigten prinzipiellen Aufbau. Dieser Aufbau ist durch zwei entscheidende Eigenschaften gekennzeichnet, die insbesondere das Verhalten von flüssigem Wasser prägen:

(1) Das Wassermolekül ist *gewinkelt*, d. h., O- und H-Atome liegen nicht auf einer Geraden.

(2) Das Wassermolekül ist *polar*, d. h., die positiven und negativen Ladungen sind so verteilt, dass am Sauerstoffatom eine negative Teilladung und an den Wasserstoffatomen eine positive Teilladung entsteht.

Aufgrund beider Eigenschaften stellt das Wassermolekül damit einen sog. Dipol dar, d. h. ein insgesamt elektrisch neutrales Molekül, aber mit

© Springer Fachmedien Wiesbaden GmbH, ein Teil von Springer Nature 2018
H. Herwig, *Ach, so ist das?*, https://doi.org/10.1007/978-3-658-21791-4_47

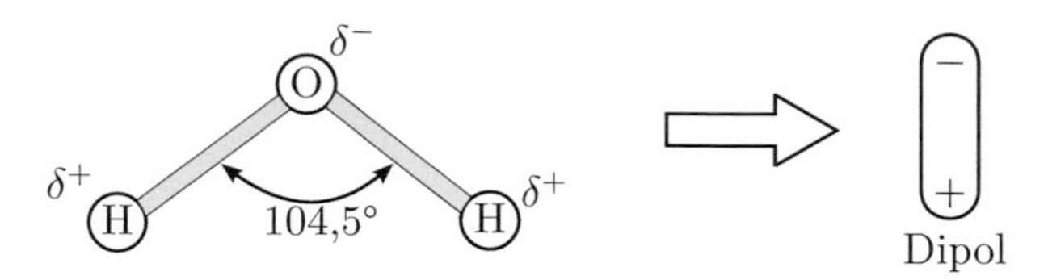


**Bild 47.2:** Prinzipielle Anordnung der O- und H-Atome im $H_2O$-Molekül; Dipolcharakter des $H_2O$-Moleküls

räumlich getrennten elektrischen Teilladungen $\delta^+$ und $\delta^-$, s. Bild 47.2. Diesen Dipolcharakter kann man ausnutzen, um einen Wasserstrahl aus einer senkrecht nach unten gerichteten Bahn auszulenken. Dazu muss man nur mit einem Luftballon, den man zuvor an der Kleidung gerieben und damit elektrostatisch aufgeladen hat, in seine Nähe kommen.

Die Wasserdipole lagern sich bevorzugt über sog. *Wasserstoffbrückenbindungen* aneinander an. Sie bilden dabei Cluster unterschiedlicher Größe, indem sich die positiv geladene Region eines $H_2O$-Moleküls in Richtung der negativ geladenen Region eines Nachbarmoleküls orientiert. Im flüssigen Wasser kommt es zu einer ständigen Bildung neuer, zugleich aber auch zum ständigen Zerfall bestehender Cluster. Eis hingegen besitzt eine hochgeordnete und sehr stabile kristalline Struktur, die mehr Platz benötigt als die ständig zerfallenden Cluster aus Molekülen im flüssigen Zustand. Deshalb ist das spezifische Volumen von Eis größer als dasjenige von flüssigem Wasser, so dass Eis an der Wasseroberfläche schwimmt, während bei anderen Substanzen die feste Phase auf den Boden des jeweiligen Behältnisses sinkt.[1] Dies ist eine Eigenschaft von Wasser, die unter dem Oberbegriff "Wasseranomalie" für eine Besonderheit des Verhaltens von Wasser gegenüber nahezu allen anderen Stoffen steht.

[1]Die analoge Aussage mit der Dichte als Kehrwert des spezifischen Volumens heißt: Eis besitzt die geringe Dichte und schwimmt deshalb auf dem Wasser.

- **Die Dichteanomalie von festem Wasser (Eis)**

  Die Dichte von festem Wasser (Eis) ist bei einem Druck von $p = 1\,\mathrm{bar}$ und einer Temperatur $T = 0\,°\mathrm{C}$ etwa $8\,\%$ geringer als diejenige von flüssigem Wasser. Damit schwimmt die feste Phase (das Eis) im Gegensatz zu anderen Stoffen an der Flüssigkeitsoberfläche, was wir an "zugefrorenen" Seen unmittelbar beobachten können.

  Eine u. U. dramatische Konsequenz dieses Verhaltens ist aber auch die Sprengwirkung von gefrierendem Wasser, der in der Natur Felsen, im Haus ggf. aber auch Wasserleitungen zum Opfer fallen. Ungeschützte Wasserleitungen sind in diesem Sinne per se gefährdet; Felsen in der Natur werden gesprengt, wenn Wasser in schmale Spalte eindringt und sich dann beim Phasenwechsel flüssig/fest aufgrund der Zunahme des spezifischen, d. h. massenbezogenen Volumens ausdehnt.

  Die Vorstellung, dass ein Behältnis nur hinreichend stabil sein müsste, um Wasser beim Phasenwechsel daran zu hindern, sich auszudehnen, ist etwas naiv: Erst bei Drücken oberhalb von etwa 2000 bar würde Eis anderer Struktur gebildet, ohne dass damit eine Volumenzunahme verbunden wäre. Dies führt z. B. dazu, dass in einer Stahlkugel eingeschlossenes Wasser bei entsprechender Abkühlung einen 10 mm starken Stahlmantel explosionsartig sprengt.[1]

- **Die Dichteanomalie von flüssigem Wasser**

  Ein weiterer Aspekt der Wasseranomalie betrifft die Dichte von flüssigem Wasser bei Temperaturen in der Nähe der Gefrier- bzw. Schmelztemperatur, die bei dem Druck von 1 bar bei etwa 0 °C liegt. Für deutlich höhere Temperaturen nimmt die Dichte von flüssigem Wasser, wie bei allen anderen Flüssigkeiten, mit steigender Temperatur ab. Da eine stabile Schichtung (die bei kleinen Störungen nicht "aus dem Gleichgewicht gerät") stets eine mit der Wassertiefe ansteigende Dichte aufweist, nimmt in einer

---

[1] Im Internet findet man dazu unter "Wasseranomalie 02.flv" einen eindrucksvollen Film.

solchen Situation die Temperatur mit wachsender Tiefe ständig ab: Das warme Wasser befindet sich oben, das kalte unten.

Für Temperaturen nur wenig über 0 °C liegt aber eine ganz andere Situation vor, wie Bild 47.3 zeigt: Ausgehend von 0 °C nimmt die Dichte mit steigender Temperatur zunächst zu (!), erreicht bei etwa 4 °C einen Maximalwert und zeigt danach erst das zuvor beschriebene "normale" Verhalten, d. h. die Dichte fällt mit weiter steigender Temperatur stets ab. Die Dichteunterschiede sind insgesamt nicht sehr groß (zwischen 0 °C und 4 °C etwa 0,013 %, zwischen 0 °C und 20 °C etwa 0,16 %), reichen aber aus, um in ruhenden Gewässern eine ausgeprägte Schichtung des Wassers zu bewirken.

Diese ist in Bild 47.4 als typische Schichtung für einen Binnensee qualitativ skizziert, einmal für eine Sommer-Situation und einmal für den eisbedeckten See im Winter. In größeren Tiefen liegt einheitlich das Wasser mit der jeweils größten Dichte vor, d. h. Wasser bei etwa 4 °C.

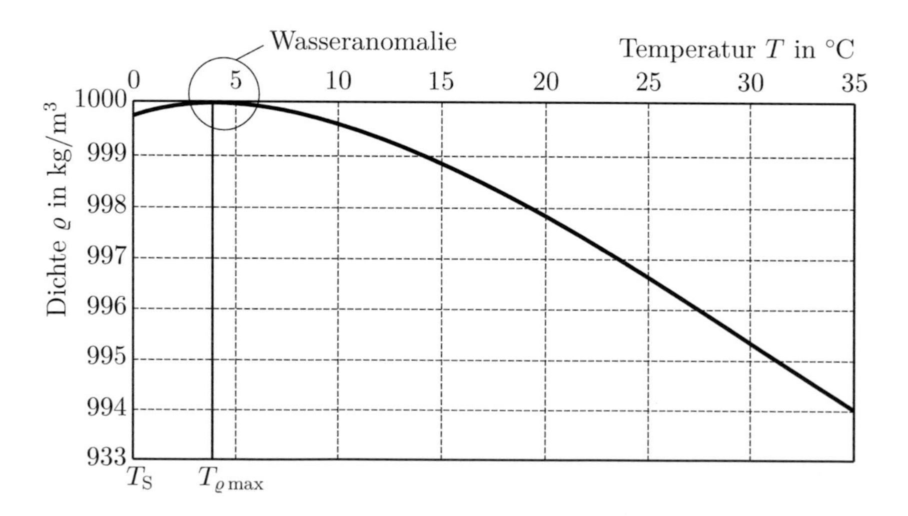


**Bild 47.3:** Die Dichte von flüssigem Wasser als Funktion der Temperatur

$T_S$: Schmelztemperatur

$T_{\varrho_{max}}$: Temperatur bei maximaler Dichte

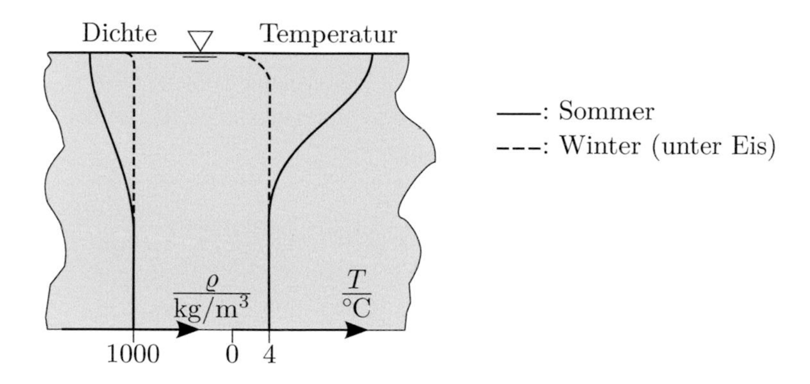


**Bild 47.4:** Dichte- und Temperaturverteilung in einem ruhenden Binnensee im Sommer und im Winter

## Angaben zum Vorkommen von Wasser

Um die enorme Bedeutung des Wassers für unser Leben zu unterstreichen, sollen abschließend noch einige illustrierende Zahlenangaben zum Wasservorkommen in den unterschiedlichsten Zusammenhängen gemacht werden.

(1) Wasser ist der Hauptbestandteil aller Pflanzen und Lebewesen: Gemüse und Früchte haben einen Wasseranteil von z. T. über 90 %; der menschliche Körper besteht zu etwa 65 % aus Wasser.

(2) Die Wassermenge (als Volumenangabe) auf der Erde beträgt etwa $1{,}4 \cdot 10^9\,\mathrm{km}^3$; davon sind 97,4 % Salzwasser und nur 2,6 % Süßwasser. Die Wassermenge in der gesamten Erdatmosphäre entspricht einem Anteil von nur 0,001 %.

(3) Die Erdoberfläche ist zu etwa 70 % von Wasser bedeckt, die mittlere Wassertiefe beträgt dabei 4 km.

(4) Das Süßwasser der Erde besteht zu 77 % aus dem Eis der polaren Schilde, zu 22 % aus Grundwasser und nur zu 0,6 % aus Wasser in Seen.

48

**Das Phänomen:** Die Erde sieht wirklich nicht aus wie ein Treibhaus - und trotzdem soll es auf ihr einen "Treibhauseffekt" geben

In der aktuellen Debatte zur Klimaveränderung fällt häufig der Begriff des Treibhauseffekts und das manchmal in einem Tenor, als sollte man diesen tunlichst vermeiden. Da wir alle davon betroffen sind, ist es sicherlich hilfreich, zunächst einmal zu klären, was damit eigentlich gemeint ist. Vielleicht gelingt es dann besser, die seriösen von den unseriösen Beiträgen zu diesem Thema zu unterscheiden.

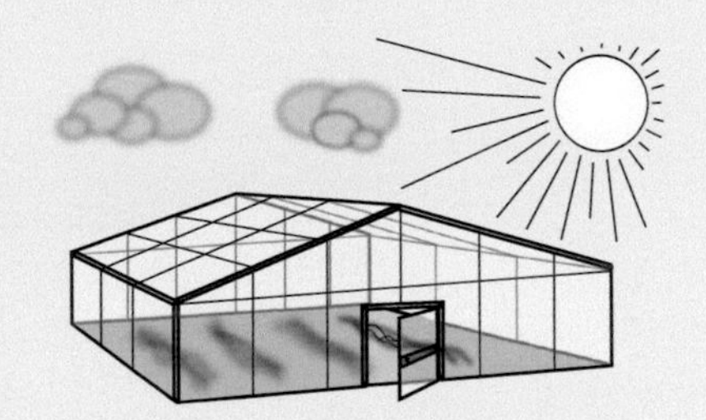

**Bild 48.1:** Im Gartentreibhaus entstehen auch im Winter bei Sonnenschein hohe Temperaturen - warum eigentlich?

## ...und die Erklärung

Der Ursprung des Begriffs ist offensichtlich das Gartentreibhaus, so dass zunächst dessen "Funktionsweise" erklärt werden soll. Dazu ist ein kurzer Exkurs in die Physik der (elektromagnetischen) Wärmestrahlung erforderlich, der die in diesem Zusammenhang entscheidenden Aspekte beleuchtet. Wichtige Punkte sind:

- Wärmestrahlung tritt als elektromagnetische Strahlung in einem Wellenlängenbereich von etwa $10^{-4}$ mm bis 1 mm auf. Bild 48.2 zeigt diesen Bereich innerhalb des gesamten Wellenspektrums. Ebenfalls eingezeichnet ist das schmale Band des sichtbaren Lichts innerhalb der Wärmestrahlung.

- Bild 48.3 zeigt schematisch, dass die auf eine Oberfläche einwirkende Einstrahlung zum Teil absorbiert, transmittiert bzw. reflektiert wird. Die zugehörigen Anteile sind $\alpha$, $\tau$ und $\epsilon$, wobei z. B. $\tau = 0$ für strahlungsundurchlässige Körper gilt.

© Springer Fachmedien Wiesbaden GmbH, ein Teil von Springer Nature 2018
H. Herwig, *Ach, so ist das?*, https://doi.org/10.1007/978-3-658-21791-4_48

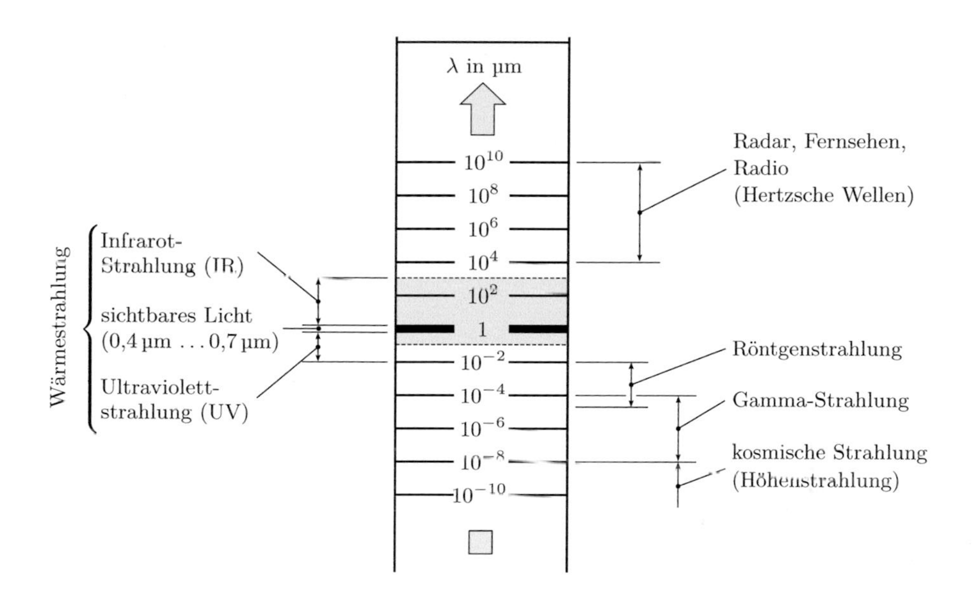


**Bild 48.2:** Elektromagnetische Wellenlängen $\lambda$; $1\,\mu\text{m} = 10^{-3}\,\text{mm}$; grau unterlegt: Wärmestrahlung

- Die Ausstrahlung der Oberfläche setzt sich prinzipiell aus den drei Anteilen Emission, Transmission und Reflexion zusammen.

- Jeder Körper mit einer endlichen Temperatur $T > 0\,\text{K}$ emittiert und absorbiert Wärmestrahlung. Die maximale Stärke dieser Wärmestrahlung tritt bei einem sog. SCHWARZEN STRAHLER auf, der durch ideale Oberflächeneigenschaften bzgl. der Strahlung charakterisiert ist. Diese maximale Stärke liegt bzgl. jeder Wellenlänge vor und gilt deshalb auch im Sinne der insgesamt auftretenden Ausstrahlung, d. h. aufsummiert über alle Wellenlängen. Für den Schwarzen Strahler kann die Wärmestrahlung als relativ einfache Funktion der Wellenlänge und der Temperatur angegeben werden.

- Die Wellenlängen, bei denen die intensivsten Strahlungen vorliegen, sind umso kürzer, je höher die Temperaturen sind.

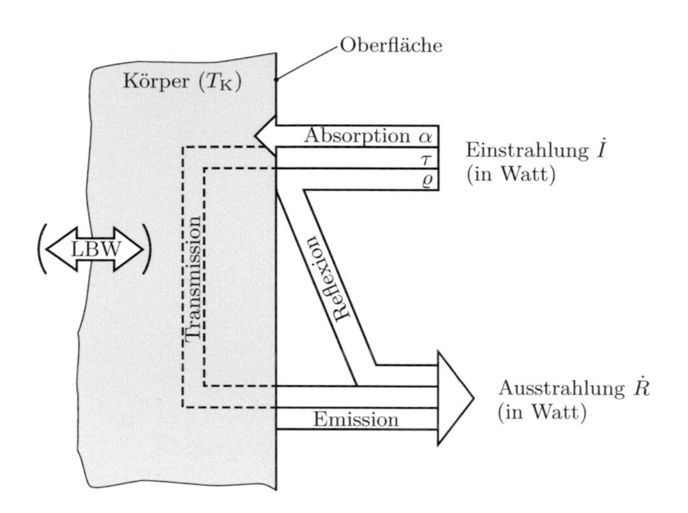


**Bild 48.3:** Globalbilanz der Wärmestrahlung (schematisch)
Zusammensetzung der Einstrahlung aus den Anteilen Absorption ($\alpha$), Transmission ($\tau$) und Reflexion ($\varrho$) mit $\alpha + \tau + \varrho = 1$
LBW: leitungsbasierte Wärmeübergänge

Bild 48.4(a) zeigt solche Intensitätsverteilungen, einmal für 5800 K ($\approx$ Temperatur der Sonnenoberfläche) und einmal für 300 K ($\approx$ Temperatur der Erdoberfläche).

- Glas lässt nur Wärmestrahlung bestimmter Wellenlängen in nennenswertem Maße durch, während bei den verbleibenden Wellenlängen eine Kombination aus Absorption und Reflexion vorliegt. Als Maß für diese partielle Durchlässigkeit wird ein wellenlängenabhängiger Transmissionsgrad $0 \leq \tau \leq 1$ eingeführt, der angibt, wie viel der einfallenden Strahlung durch das Glas hindurchtritt. In Bild 48.4(b) ist gezeigt, dass eine hohe Durchlässigkeit bei Wellenlängen vorliegt, bei denen hohe Strahlungsintensitäten der Sonne vorliegen, nicht aber bei denjenigen, für die hohe Werte der Strahlung aus dem Glashaus zu verzeichnen sind.

Diese Aspekte reichen bereits aus, um den Treibhauseffekt zu verstehen: Kurzwelliges Sonnenlicht trifft auf das Treibhaus aus Glas und kann zu großen Anteilen durch die Glasscheiben hindurchtreten,

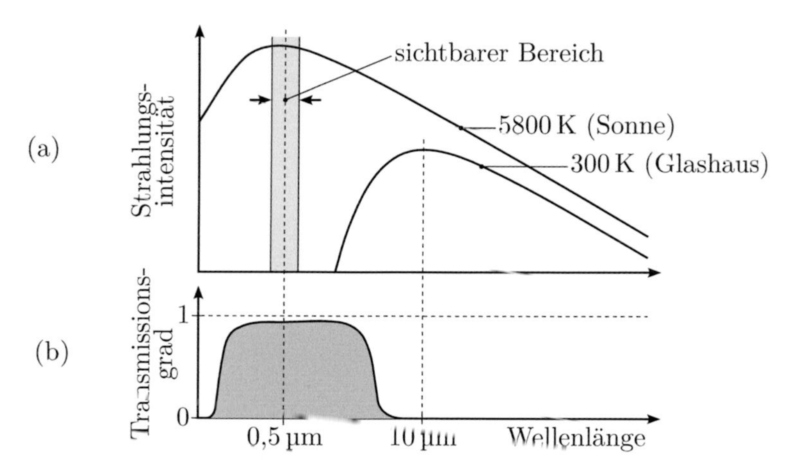


**Bild 48.4:** Grundlegende Ursachen des Treibhauseffekts
(a) Strahlungsintensitäts-Verteilung von Schwarzen Strahlern
(b) Transmissionsverhalten von Glas

weil Glas bei den Wellenlängen mit hoher Sonnenstrahlungs-Intensität einen hohen Transmissionsgrad besitzt, wie Bild 48.4(b) zeigt. Im Glashaus wird die einfallende Strahlung in hohem Maße absorbiert und dann als innere Energie im Glashaus gespeichert. Im Glashaus herrschen Temperaturen in der Nähe von 300 K, so dass die höchsten Intensitäten der sog. Rückstrahlung (aus dem Treibhaus heraus von den Wänden, dem Boden, den Einrichtungsgegenständen einschließlich der Pflanzen) bei deutlich größeren Wellenlängen liegen als bei den einfallenden Sonnenstrahlen. In diesen Wellenlängen-Bereichen ist Glas aber nicht durchlässig (Transmissionsgrad $\tau \approx 0$), so dass die Energie nicht auf diese Weise nach außen gelangt. Was genau mit der Wärmestrahlung stattdessen geschieht, kann nur mit einem extremen Aufwand genauer ermittelt werden, weil dabei die teilweise Absorption in den Glasscheiben, Reflexion, aber auch weitere Wärmeübertragungsformen wie WÄRMELEITUNG und KONVEKTIVER WÄRMEÜBERGANG beteiligt sind. Insgesamt stellt sich eine bestimmte relativ hohe Temperatur ein, bei der das Zusammenspiel aller andeutungsweise genannten Wärmeübertragungsformen zu einem zeitunabhängigen stationären thermischen Zustand im Treibhaus führt.

Die entscheidenden Ursachen für den Treibhauseffekt sind also die bzgl. der Wellenlänge verschobenen Intensitätsmaxima, die deutlich niedrigeren Werte der bereits erwähnten Wärmerückstrahlung sowie das selektive Transmissionsverhalten von Glas. Wenn nun im Zusammenhang mit einer prognostizierten Erderwärmung der Treibhauseffekt als Erklärung herangezogen wird, so ist dabei Folgendes gemeint, aber auch zu beachten:

- Die Erde insgesamt wird als "globales" Treibhaus angesehen, bei dem die Erdatmosphäre die Funktion des Glases beim Gartentreibhaus übernimmt.

- Die Erdatmosphäre ist ein Gemisch vieler verschiedener Gaskomponenten, wobei jede Komponente für sich ein eigenes Absorptions- und Emissionsverhalten in Bezug auf die Abhängigkeit von der Wellenlänge aufweist. Das Gemisch weist als Folge davon insgesamt ein ähnlich selektives Transmissionsverhalten auf, wie dies für Glas gilt.

- Einige Gaskomponenten, die im Gemisch nur einen geringen Konzentrationsanteil besitzen, tragen sehr stark zu dem Gesamtverhalten bei. Dies sind insbesondere die Komponenten $H_2O$ (Wasser), $CO_2$ (Kohlendioxid) und $CH_4$ (Methan).

- Die Gefahr im Zusammenhang mit einer möglichen Erderwärmung ist also nicht etwa, dass der Mensch einen Treibhauseffekt durch die Veränderung der Atmosphären-Zusammensetzung auslösen könnte, sondern dass er diesen für unser Überleben entscheidenden Mechanismus (negativ) beeinflusst. In diesem Zusammenhang wird wohl zu Recht vor sog. *anthropogenen Eingriffen* in die Erdatmosphäre gewarnt.

**49** **Das Phänomen:** Ein wunderschöner Sommertag, 32 °C im Schatten, und in der Sonne?

Temperaturangaben in Wetterberichten beziehen sich stets auf die Temperaturen, die im Schatten gemessen werden. Da man sich aber durchaus auch in der Sonne aufhält, wäre es doch schön, eine weitere Temperaturangabe zu haben, die ein Maß dafür ist, wie warm es in der Sonne sein wird. Solche Angaben kommen aber in keinem Wetterbericht vor - warum eigentlich nicht?

**Bild 49.1:** Temperaturanzeige im Schatten und in der Sonne

## ...und die Erklärung

Um erklären zu können, warum man eindeutige Temperaturangaben für einen Aufenthalt im Schatten, aber nicht in der Sonne machen kann, sollte zunächst erläutert werden, was denn die Temperatur überhaupt ist. Das klingt zunächst trivial, weil ja schließlich schon ein kleines Kind ein Thermometer ablesen kann. Aber: Was bedeutet es denn, wenn das Thermometer 32 °C anzeigt?

Die Erfahrung besagt, dass wir dann einer Umgebung ausgesetzt sind, die wir als ziemlich warm empfinden. Wären es nur 22 °C, so würden wir wohl eher das Gefühl haben, dass die Temperatur genau richtig ist. Offensichtlich geht unser Körper eine Wechselbeziehung mit seiner Umgebung ein, s. dazu auch das Phänomen Nr. 43 zum Wärmehaushalt des Menschen, bei der die Temperatur eine wichtige Rolle spielt.

Diese Überlegung soll jetzt in dem Sinne verallgemeinert werden, dass statt "Mensch" und "Umgebung" zwei beliebige Systeme betrachtet werden, die jeweils durch ihre eigene Temperatur charakterisiert seien sollen. Noch ist aber nicht erklärt, was die Temperaturangabe

© Springer Fachmedien Wiesbaden GmbH, ein Teil von Springer Nature 2018
H. Herwig, *Ach, so ist das?*, https://doi.org/10.1007/978-3-658-21791-4_49

bedeutet. Um dies jetzt zu erläutern, ist in Bild 49.2 dargestellt, was geschieht, wenn die beiden Systeme eine Wechselbeziehung eingehen, weil sie so in Kontakt gebracht worden sind, dass sich ein sog. *thermisches Gleichgewicht* einstellen kann. Dieses Gleichgewicht ist dann erreicht, wenn kein Wärmestrom $\dot{Q}$ mehr zwischen System A und System B fließt. Dann besitzen beide Körper dieselbe Temperatur (wie immer diese genau definiert ist), mit der ein bestimmter thermischer Gleichgewichtszustand gekennzeichnet wird. Diesem kann mehr oder weniger willkürlich ein Zahlenwert zugeordnet werden (32 °C z. B. entspricht in anderen Ländern der Temperatur 89,6 F, gemessen mit der dort üblichen Fahrenheit-Skala).
Eine Temperaturskala ordnet jetzt "benachbarten" thermischen Gleichgewichtszuständen "benachbarte Zahlenwerte" zu. Bild 49.2 zeigt, dass der Temperaturwert eines Systems A größer als derjenige eines zweiten Systems B ist, zu dem ein thermischer Kontakt hergestellt wird, wenn ein Wärmestrom in das zweite System fließt. Entsprechend ist der Temperaturwert kleiner, wenn das zweite System B nach dem Kontakt Energie in Form von Wärme an das System A abgibt.

Damit wird deutlich, was ein Thermometer ist: Es handelt sich um ein System, welches mit einem zweiten System (dessen Temperatur bestimmt werden soll) in thermischen Kontakt gebracht wird und das nach Erreichen des thermischen Gleichgewichts mit dem zweiten System einen Zahlenwert anzeigen kann, der einen bestimmten thermischen (Gleichgewichts-)Zustand eindeutig kennzeichnet.

Angewandt auf das klassische Quecksilber-Thermometer bedeutet dies: Das System (Thermometer) wird mit dem zweiten System (Um-

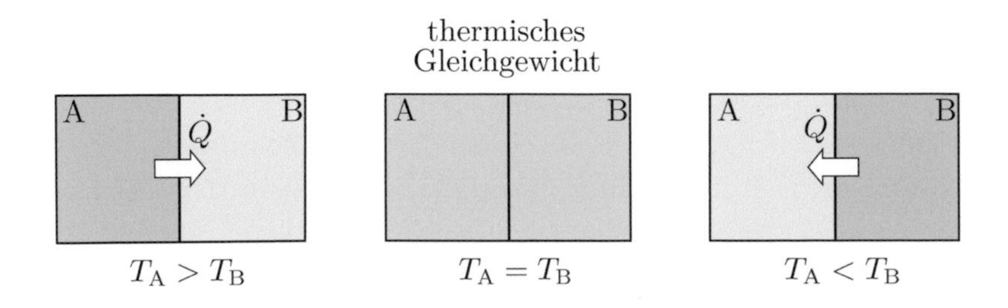


**Bild 49.2:** Übergang ins thermische Gleichgewicht, nachdem zwei Systeme (A, B) in thermischen Kontakt gebracht worden sind

gebung) in thermischen Kontakt gebracht und zeigt nach hinreichend langer Kontaktzeit über die thermische Ausdehnung des Quecksilbers in einer Kapillare einen (international vereinbarten) Zahlenwert beispielsweise in °C an.

Diese ausführliche Erläuterung der physikalischen Größe Temperatur erlaubt es jetzt, das Problem einer Temperaturmessung in der Sonne zu verstehen. Eine sinnvoll interpretierbare Temperaturangabe ist dann möglich, wenn sich beide Systeme, die Umgebung und das Thermometer, zumindest in guter Näherung im thermischen Gleichgewicht befinden. Dabei muss dann davon ausgegangen werden, dass die Umgebung für sich genommen, trotz ihres heterogenen Aufbaus, ebenfalls ein System ist, das einen thermischen Gleichgewichtszustand erreicht hat. Das bedeutet: Wenn das Thermometer nacheinander mit verschiedenen Teilbereichen der Umgebung in thermischen Kontakt und damit auch ins thermische Gleichgewicht gebracht wird, zeigt das Thermometer stets denselben Temperaturwert an.

Eine solche Situation liegt in guter Näherung vor, wenn die Umgebung "im Schatten" liegt, weil die dann zwischen den einzelnen Teilbereichen vorkommenden Wärmeübertragungsmechanismen für einen insgesamt geltenden thermischen Gleichgewichtszustand sorgen (der mit dem Thermometer eindeutig gemessen werden kann). Wenn aber eine sonnenbeschienene Umgebung vorliegt, kommt durch die Sonnenstrahlung ein weiterer Wärmeübertragungsmechanismus hinzu. Entscheidend ist nun, dass der zusätzliche thermische Austausch mit der Sonne auf die einzelnen Teilbereiche der Umgebung sehr unterschiedlich wirkt. So spielen z. B. die Farbe und die Oberflächenbeschaffenheit von Teilbereichen der Umgebung eine entscheidende Rolle bzgl. der Frage, wie viel Energie diese Teilbereiche durch den Strahlungsaustausch mit der Sonne aufnehmen.

Insgesamt stellt die Umgebung dann kein System mehr dar, das für sich ein inneres thermisches Gleichgewicht besitzt. Damit kann ihm auch nicht eine bestimmte Temperatur zugeordnet werden. Das heißt: 32 °C im Schatten, da weiß man, was man hat …

## Ein einfaches Experiment

Um die Aussage zu belegen, dass für die Temperatur in der Sonne die Oberflächenbeschaffenheit der bestrahlten Fläche einen entscheidenden Einfluss hat, ist folgender Versuch durchgeführt worden:

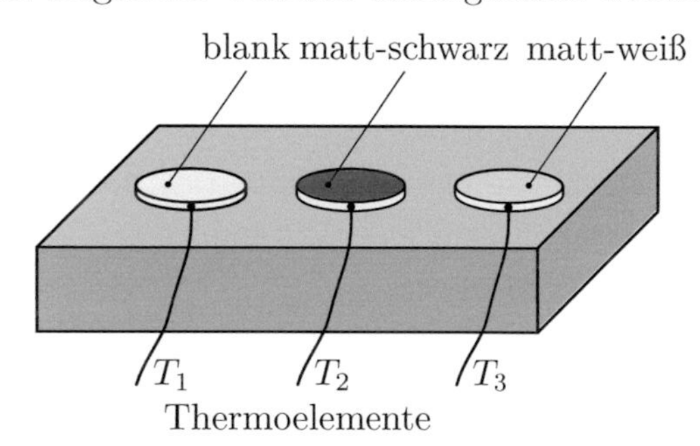


**Bild 49.3:** Anordnung der sonnenbeschienenen Metallplättchen mit unterschiedlichen Oberflächen

Drei gleichartige Metallplättchen (Durchmesser 35 mm, Dicke 5 mm) sind jeweils mit einem Thermoelement versehen worden, mit dem die als homogen unterstellte Temperatur in diesen Plättchen bestimmt werden kann. Bild 49.3 zeigt die Anordnung auf einem Holzträger (gute thermische Isolation noch unten) und gibt an, welche Oberflächenbeschaffenheit die drei Plättchen besitzen.

Die ganze Anordnung ist dann an einem sonnigen Tag der Sonnenstrahlung ausgesetzt worden. Tabelle 49.1 zeigt die Messergebnisse einer exemplarischen Messung (ein bestimmter Winkel zur Sonne, eine bestimmte Umgebung).

Wie erwartet, liegen die Temperaturen in der Sonne deutlich über der Temperatur im Schatten ($T = 18\,°\mathrm{C}$). Sie sind aber auch für die unterschiedlichen Oberflächen deutlich verschieden, mit der höchsten Temperatur für die matt-schwarze Oberfläche (hoher Absorptionsgrad) und der niedrigsten Temperatur für die reflektierende Oberfläche (hoher Reflexionsgrad).

**Tabelle 49.1:** Temperaturwerte einer exemplarischen Messung mit der Anordnung aus Bild 49.3

| | |
|---|---|
| blanke Oberfläche | $T_1 = 32\,°\mathrm{C}$ |
| matt-schwarze Oberfläche | $T_2 = 41\,°\mathrm{C}$ |
| matt-weiße Oberfläche | $T_3 = 35\,°\mathrm{C}$ |
| Temperatur im Schatten | $T = 18\,°\mathrm{C}$ |

Der Vergleich der Temperaturen bei den schwarzen und weißen Oberflächen zeigt, dass der vor längerer Zeit erfolgte Wechsel von schwarzen zu hellbeigen Taxis eine sinnvolle Maßnahme war!

**50** **Das Phänomen:** Am Ende des Tages scheint die Sonne rotglühend zu erlöschen

Sonnenuntergänge, besonders in einer angenehmen Urlaubsatmosphäre zu beobachten, ist immer wieder ein Erlebnis. Nicht nur, weil man dann gefahrlos direkt in die Sonne schauen kann, sondern auch, weil die Sonne dann als wunderbar und für einige sicherlich auch romantisch rotglühend erscheint, so als würde sie langsam erlöschen (was aber zum Glück nicht der Fall ist).

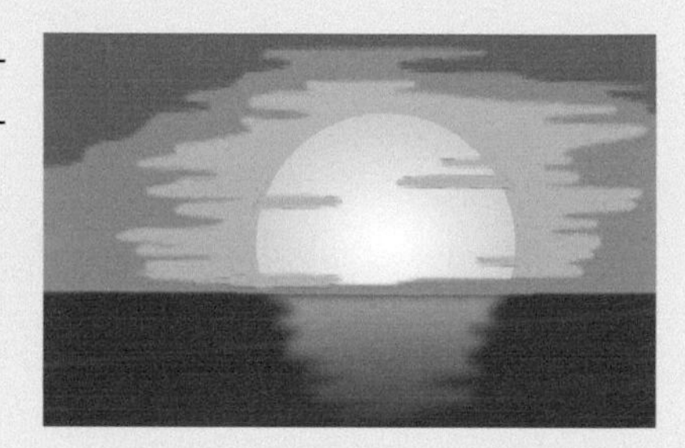

**Bild 50.1:** Die Sonne vom Strand aus beobachtet, wie sie rotglühend hinter dem Horizont verschwindet

## ...und die Erklärung

Eine Sonne rotglühend zu sehen, hat zunächst einmal damit zu tun, dass wir überhaupt verschiedene Farben optisch wahrnehmen können. Dazu muss unser Auge von elektromagnetischen Wellen der Wellenlängen $\lambda = 0{,}4\,\mu\text{m}$ bis $0{,}7\,\mu\text{m}$ und einer bestimmten Mindestintensität getroffen werden. Wir können dann den einzelnen Wellenlängen in unserer Wahrnehmung Farben zuordnen, die von violett bei kurzen Wellenlängen bis zu rot bei langen Wellenlängen reichen. In einem biologischen Anpassungsprozess bei der Entwicklung des Menschen hat sich eine Farbwahrnehmung herausgebildet, die genau den Wellenlängenbereich der maximalen Strahlungsintensität der Sonne nutzt. Dabei nehmen wir eine ungefilterte Verteilung aller vorkommenden Wellenlängen der Sonnenstrahlung als insgesamt weißes Licht wahr. Farbeindrücke entstehen, wenn bestimmte Wellenlängen aus dem Gesamtspektrum abgeschwächt werden. Der optische Eindruck "rot" entsteht, wenn bevorzugt die langwelligen Komponenten auf die Netzhaut unserer Augen gelangen, weil alle kürzeren Wellenlängen auf dem Weg von der Sonne in unser Auge abgeschwächt worden sind.

© Springer Fachmedien Wiesbaden GmbH, ein Teil von Springer Nature 2018
H. Herwig, *Ach, so ist das?*, https://doi.org/10.1007/978-3-658-21791-4_50

Dabei ist insbesondere zu beachten, dass verschiedene Farbeindrücke nur entstehen können, wenn die Strahlungsquelle Strahlung mit verschiedenen Wellenlängen aus dem Bereich der für uns sichtbaren Wellenlängen aussendet. Unter monochromatischem Licht, wie es z. B. Natriumdampflampen ausstrahlen, erscheinen für uns alle damit beleuchteten Gegenstände in einer einzigen (in diesem Fall rot-gelblichen) Farbtönung.

Nach diesem kurzen Exkurs wird deutlich, dass wir die Sonne selbst nur deshalb in einer unterschiedlichen Färbung wahrnehmen, weil ihre Strahlung auf dem Weg in unser Auge einer selektiven Filterung unterliegt. Diese nimmt mit abnehmendem Sonnenstand offensichtlich immer stärker die kurzwelligen Anteile heraus und lässt somit bevorzugt langwelliges Licht an unser Auge gelangen. Zusätzlich ist die Intensität dann so niedrig, dass wir folgenlos direkt in die Sonne schauen können.

# Glossar

In dieser Zusammenstellung werden Begriffe genauer erläutert, die häufiger bei der Erklärung der einzelnen Phänomene vorkommen.

**Aerostatische Druckverteilung** Bei unveränderlicher Dichte $\varrho$ ergibt sich ein linearer Druckanstieg mit zunehmender Tiefe im Fluid. Dies ist als hydrostatische Druckverteilung bekannt. Wenn aber, wie z. B. bei Luft, die Dichte eine Funktion von Druck und Temperatur ist, so ergibt sich eine nichtlineare Verteilung des Drucks. Dies kommt ganz anschaulich dadurch zustande, dass der Druck auf einem bestimmten Höhenniveau durch das Gewicht der darüber stehenden Fluidsäule entsteht. Wenn nun die Dichte nur eine Funktion des Drucks wäre, würde zwar auch eine nichtlineare Verteilung des Drucks über der Höhe entstehen, diese wäre aber eindeutig durch die Abhängigkeit $\varrho(p)$ festgelegt. Tatsächlich kommt aber noch die Abhängigkeit von der Temperatur hinzu, so dass die konkrete Druckverteilung nicht mehr von vorne herein feststeht.

Deshalb werden Standard-Atmosphären eingeführt, für die Temperaturverteilungen angenommen werden, die abschnittsweise konstant oder linear abhängig von der Höhe sind. Auf diese Weise entsteht z. B. für die Erdatmosphäre eine Aussage zur Druckverteilung, die abschnittsweise ermittelt wird.

Für kleine Höhenunterschiede kann aber auch bei Luft von einem konstanten (mittleren) Wert für die jeweilige Dichte ausgegangen werden, was dann wieder auf einen linearen Verlauf des Drucks in diesem Höhenabschnitt führt.

**Anergie** Es handelt sich um den Teil einer Energie, der nicht dazu genutzt werden kann, daraus mechanische Arbeit zu gewinnen. Dies bringt zum Ausdruck, dass eine bestimmte Energie nicht beliebig genutzt werden kann, weil die Gewinnung mechanischer Arbeit die "wertvollste" Form darstellt, in der man Energie nutzen kann. Damit ist eine Energie, die vollständig Anergie darstellt "nutzlos".

© Springer Fachmedien Wiesbaden GmbH, ein Teil von Springer Nature 2018
H. Herwig, *Ach, so ist das?*, https://doi.org/10.1007/978-3-658-21791-4

Dies gilt für die innere Energie der Umgebung. Ganz allgemein besteht die innere Energie eines betrachteten Stoffs zum Teil aus Anergie. Dieser Anergieteil der Energie ist umso größer, je näher sich der Stoff mit seinem Druck und seiner Temperatur an den entsprechenden Werten der ihn umschließenden Umgebung befindet. Der komplementäre "nützliche" Teil der Energie wird Exergie genannt. In diesem Sinne gilt die grundsätzliche Aufteilung: Energie = Anergie + Exergie.

**Biot-Zahl** Es handelt sich um eine dimensionslose Kennzahl im Sinne der Dimensionsanalyse einer Wärmeübertragung zwischen einem Festkörper und einem Fluid. Der Festkörper, in dem eine reine Wärmeleitung vorliegt, ist dabei durch seine Wärmekapazität $\lambda_\mathrm{K}$ bezüglich seiner Wärmeübertragungseigenschaften charakterisiert. Im Fluid liegt eine konvektive Wärmeübertragung, entweder als natürliche oder als erzwungene Konvektion vor, die durch einen (mittleren) Wärmeübergangskoeffizienten $\alpha$ gekennzeichnet ist. Beide Größen treten in der dimensionslosen Biot-Zahl auf, die wie folgt definiert ist:

$$\mathrm{Bi} = \frac{\alpha\, L}{\lambda_\mathrm{K}}$$

Dabei ist $L$ eine charakteristische Abmessung des Körpers. Bei klar strukturierten Körpern, wie bei einer Kugel oder einem Würfel, wird $L$ zum Durchmesser bzw. zur Kantenlänge. Bei unregelmäßig geformten Körpern kann $L$ als $V^{1/3}$ gewählt werden ($V$: Körpervolumen).

Bezüglich dieser Kennzahl sind die Grenzwerte $\mathrm{Bi} \to 0$ und $\mathrm{Bi} \to \infty$ interessant, weil sie jeweils eine besondere Situation beschreiben, für die relativ einfache Lösungen gefunden werden können. Der Fall $\mathrm{Bi} \to 0$ liegt vor, wenn die Wärmeleitfähigkeit $\lambda_\mathrm{K}$ des Körpers sehr groß ist. Dann liegen die stets endlichen Wärmeströme innerhalb des Körpers bei nahezu konstanten Temperaturen vor, weil die Temperaturgradienten gemäß $\vec{q} = -\lambda_\mathrm{K}\,\mathrm{grad}(T)$ (Fourierscher Wärmeleitungs-Ansatz) nahezu null sind. In guter Näherung kann in diesem Grenzfall von einer räumlich gleichmäßigen, aber zeitabhängigen Veränderung der Temperatur im Körper ausgegangen werden. Nennenswerte Temperatur*verteilungen* treten dann nur im Fluid auf. Für praktische Anwendungen ist dieser Grenzfall gegeben, wenn Bi $\leq 0{,}1$ gilt.

Im anderen Grenzfall (Bi $\rightarrow \infty$) können die Temperatur*verteilungen* im Fluid gegenüber denjenigen im Festkörper vernachlässigt werden.

**Dampfdruckkurve** Es handelt sich um den funktionalen Zusammenhang zwischen dem Druck und der Temperatur im sog. Zweiphasen-Gleichgewicht flüssig/gasförmig eines Stoffs im fluiden Zustand. Bei den jeweiligen Druck/Temperatur-Kombinationen, die durch die Dampfdruckkurve festgelegt sind, treten die Stoffe gleichzeitig flüssig und gasförmig auf und befinden sich bzgl. dieser beiden Phasen im thermodynamischen Gleichgewicht. Der konkrete Verlauf der Dampfdruckkurve in einem $p,T$-Diagramm ist von Stoff zu Stoff verschieden. Die Begrenzung der Dampfdruckkurven ist hin zu niedrigen Drücken bzw. Temperaturen durch den Tripelpunkt und hin zu hohen Werten des Drucks bzw. der Temperatur durch den jeweiligen kritischen Zustand gegeben. Die Informationen aus der Dampfdruckkurve werden überall dort benötigt, wo Zweiphasen-Gleichgewichtssituationen eine Rolle spielen. Dies ist bei Siede- und Kondensationsvorgängen der Fall, aber auch bei gesättigten Gas-Dampf-Gemischen, wie sie bei feuchter Luft auftreten können.

**Dimensionsanalyse** Es handelt sich um die dimensionslose Formulierung eines Problems, das zunächst als ein funktionaler Zusammenhang einer endlichen Anzahl $n$ dimensionsbehafteter Größen vorliegt, die in dem Problem eine Rolle spielen. Dieser Zusammenhang kann explizit in Form von Gleichungen vorliegen, die es dann zu lösen gilt, oder aber nur als Liste eindeutig identifizierter Einflussgrößen, die aufgrund des prinzipiellen Verständnisses des Problems aufgestellt werden kann. Als nächstes ermittelt man, wie viele verschiedene Dimensionen in dem Problem auftreten, d. h. welche grundlegenden Basisdimensionen wie Länge, Zeit, Masse, Temperatur, ... vorkommen. Wenn deren Anzahl $m$ beträgt, besagt das sog. $\Pi$-Theorem der Dimensionsanalyse, dass das vorliegende Problem als Zusammenhang von $(n - m)$ dimensionslosen Kombinationen aus den Einflussgrößen dargestellt werden kann. Diese Darstellung stellt eine Verallgemeinerung der Ergebnisse dar, weil eine dimensionslose Lösung dann einer Vielzahl von dimensionsbehafteten Lösungen entspricht. Diese dimensionslose Darstellung ist auch die Basis für Modellversuche in verändertem geometrischen Maßstab, bei denen die beiden Fälle "Modell" und "Prototyp" jeweils demselben dimensionslosen Fall entsprechen.

**Erzwungene Konvektion** Es handelt sich um Strömungen, die zustande kommen, weil dem Fluid Energie in Form von Arbeit zugeführt und damit eine Strömung in Gang gesetzt oder aufrechterhalten wird. Dies kann auf unterschiedliche Weise erfolgen, wie z. B. durch

- einen aufgeprägten Druckunterschied, wie bei einer Rohrströmung,
- eine bewegte Wand, wie bei der Couette-Strömung,
- die Wirkung der Schwerkraft, wie bei offenen Gerinneströmungen.

Als Kennzahl in einer dimensionslosen Darstellung tritt in der Regel die Reynolds-Zahl $\mathrm{Re} = \varrho U_\mathrm{B} L_\mathrm{B}/\eta$ auf. Dabei ist $U_\mathrm{B}$ eine Bezugsgeschwindigkeit, die Ausdruck für die Stärke der Energieübertragung in das System ist. Zusätzlich treten eine charakteristische Länge $L_\mathrm{B}$, die Dichte $\varrho$ und die dynamische Viskosität $\eta$ des strömenden Fluids auf.

**Exergie** Es handelt sich um den Teil einer Energie, der dazu genutzt werden kann, daraus mechanische Arbeit zu gewinnen. Dies bringt zum Ausdruck, dass eine bestimmte Energie nicht beliebig genutzt werden kann, weil die Gewinnung mechanischer Arbeit die "wertvollste" Form darstellt, in der man Energie nutzen kann. Der komplementäre "nutzlose" Teil der Energie wird Anergie genannt. In diesem Sinne gilt die grundsätzliche Aufteilung: Energie = Exergie + Anergie.

**Gas-Dampf-Gemisch** Es handelt sich um ein Gasgemisch, bei dem nur eine Komponente in dem betrachteten Temperatur- und

Druckbereich kondensieren kann. Diese Komponente wird als Dampf bezeichnet. Die restlichen Gaskomponenten können jede für sich ebenfalls kondensieren, aber nicht in dem (Problemrelevanten) begrenzten Temperatur- und Druckbereich.

Ein typisches Beispiel für Gas-Dampf-Gemische ist feuchte Luft, bei der Wasserdampf in der Nähe der Umgebungstemperatur und bei Drücken in der Nähe des Umgebungsdrucks in entsprechenden Prozessen kondensieren kann, z. B. bei der Bildung von Nebel.

**Gemischte Konvektion** Es handelt sich um Strömungen, die zustande kommen, weil ihnen Energie sowohl in Form von Arbeit als auch in Form von Wärme zugeführt wird. Damit sind dies Strömungen, die als Kombination von erzwungener und natürlicher Konvektion angesehen werden können. Als Kennzahl für solche Strömungen wird häufig die Richardson-Zahl Ri verwendet, die als

$$\mathrm{Ri} = \frac{\mathrm{Gr}}{\mathrm{Re}^2}$$

eine Kombination der Kennzahlen für erzwungene Konvektion (Re) und natürliche Konvektion (Gr) darstellt.

**Hydrostatische Druckverteilung** Es handelt sich um die Druckverteilung in einem Fluid mit konstanter Dichte, also z. B. die Druckverteilung in Flüssigkeiten. Auf einem bestimmten Höhenniveau führt die darüber lastende Fluidsäule zu einem Druck $p$, der deshalb von der Höhe dieser Fluidsäule bestimmt ist. Als Folge davon ist der Druck $p$ linear von der Höhe der Fluidsäule abhängig. Dies wird in der Regel durch eine Koordinate beschrieben, die von einem Referenzniveau mit dem Druck $p_0$ ausgeht und in Richtung des Erdbeschleunigungsvektors zeigt. In dieser Formulierung wächst der Druck dann linear mit der Tiefe an, auf der man sich mit einem bestimmten Koordinatenwert befindet.

**Ideale Gase** Es handelt sich um eine Modellvorstellung in Bezug auf den Aufbau und das thermodynamische Verhalten von Gasen. Ein solches Modellgas besteht aus einzelnen Molekülen mit einer endlichen Masse aber ohne Eigenvolumen. Zusätzlich wird unterstellt, dass die Moleküle so weit voneinander entfernt sind, dass ihre Wechselwirkung untereinander (z. B. durch Stöße) vollständig vernachlässigt werden kann. Mit diesen Annahmen ergibt sich eine sehr einfache thermische Zustandsgleichung als Zusammenhang zwischen dem Druck $p$, der Temperatur $T$ und dem spezifischen (d. h. auf die Masse bezogenen) Volumen $v$. Sie lautet

$$p\,v = \frac{R_\mathrm{m}}{M}\,T$$

Dabei ist $R_\mathrm{m}$ die sog. universelle Gaskonstante ($R_\mathrm{m} = 8{,}3145\,\mathrm{J/mol\,K}$), zusätzlich tritt die Molmasse $M$ auf, die angibt, "wie schwer" das betrachtete Gas ist (gemessen in g/mol, mit der Stoffmenge $1\,\mathrm{mol} \mathrel{\hat{=}} 6{,}022 \cdot 10^{23}$ Moleküle).

Aufgrund der Annahmen (kein Eigenvolumen, keine Wechselwirkungen) kann dieses Modell reale Gase bei niedrigen Drücken in guter Näherung beschreiben. Bis etwa 10 bar liegt eine für viele Situationen ausreichende Genauigkeit vor.

**Inkompressible Strömung** Es handelt sich um Strömungen, bei denen die Dichte des Fluids (zumindest nahezu) konstant bleibt. Dies kann zwei Ursachen haben. Erstens liegt ein solcher Fall (erwartungsgemäß) immer dann vor, wenn das strömende Fluid die thermodynamische Eigenschaft einer unveränderlichen Dichte besitzt, wie dies bei Flüssigkeiten - zumindest in guter Näherung - der Fall ist. Man spricht dann von der Strömung inkompressibler Fluide. Zweitens kann aber auch ein aus thermodynamischer Sicht kompressibles Fluid, wie ein Gas, auf eine Weise strömen, dass dabei seine Dichte (zumindest nahezu) unverändert bleibt. Dies ist stets dann der Fall, wenn die Strömungsgeschwindigkeiten deutlich kleiner sind als die Schallgeschwindigkeit im kompressiblen Fluid. Als Anhaltswert kann gelten, dass die Mach-Zahl Ma, definiert als das Verhältnis der Strömungsgeschwindigkeit zur Schallgeschwindigkeit des Fluids, kleiner als 0,3 sein muss.

**Innere Energie** Es handelt sich um eine Form der Energie, die ein bestimmter Körper (allgemeiner: ein System, bestehend aus einem bestimmten Stoff) besitzt. Diese innere Energie ist Teil der Gesamtenergie des Körpers, die sich aus mehreren Teilen zusammensetzt und die als solche im Ersten Hauptsatz der Thermodynamik als allgemeine Erhaltungsgröße auftritt (andere Teile der Gesamtenergie sind die potenzielle und die kinetische Energie eines Körpers). Die innere Energie ist aus physikalischer Sicht die in den, durch die und zwischen den einzelnen Molekülen gespeicherte Energie. Sie äußert sich als Summe dieser einzelnen Energien auf der molekularen Ebene und führt insgesamt auf eine Energieform, die aus makroskopischer Sicht "innere Energie" genannt wird. Diese makroskopische Größe ist vom Druck und von der Temperatur abhängig, wird also in Bezug auf einen Körper als Funktion $U(p, T)$ eingeführt. Da die thermodynamische Gesamtenergie eine Erhaltungsgröße ist, bleibt sie bei allen denkbaren Prozessen unverändert. Wohl aber kann sich ihre Zusammensetzung verändern, d. h. kinetische Energie kann z. B. in innere Energie umgeformt werden, wie dies bei "verlustbehafteten" Prozessen stets der Fall ist.

**Kavitation** Es handelt sich um Vorgänge in einer Flüssigkeitsströmung, bei der aufgrund einer lokalen Druckabsenkung (z. B. durch eine starke Beschleunigung der Strömung) der Dampfsättigungsdruck der Flüssigkeit (gemäß ihrer Dampfdruckkurve $p(T)$) unterschritten wird. Es kommt dann zur Bildung von Dampfblasen oder auch größeren Dampfgebieten. Wenn diese Dampfblasen wieder unter hohen Druck geraten, weil am Ort der Entstehung der Druck wieder ansteigt, oder weil die Dampfblasen mit der Strömung in ein Gebiet hohen Drucks gelangen, fallen sie wieder zusammen (der Dampf kondensiert) und üben dabei auf Wände, die sich in der Nähe befinden, sehr große lokale Kräfte aus. Der Zusammenfall in Wandnähe geschieht oftmals unsymmetrisch unter Ausbildung eines Mikrostrahls, der auf die Wand gerichtet ist und dort lokal zu Druckerhöhungen in der Größenordnung von 1000 bar führen kann. Auf diese Weise können erhebliche Schäden an beteiligten Bauteilen entstehen.

**Kompressible Strömung** Es handelt sich um Strömungen, bei denen sich die Dichte des strömenden Fluids nennenswert verändert. Dies tritt auf, wenn das Fluid die Eigenschaft der Kompressibilität besitzt (wie z. B. ein Gas) und einer Strömung unterliegt, bei der diese Eigenschaft "aktiviert" wird. Diese "Aktivierung" erfolgt erst bei entsprechend hohen Strömungsgeschwindigkeiten, so dass Strömungen von Gasen bei niedrigen Geschwindigkeiten noch inkompressible Strömungen sind. In diesem Zusammenhang muss also sorgfältig nach der Kompressibilität als Fluideigenschaft einerseits und als Strömungseigenschaft andererseits unterschieden werden. Ob eine hinreichend hohe Geschwindigkeit vorliegt, um Kompressibilitätseffekte in der Strömung hervorzurufen, zeigt sich im Vergleich der Strömungsgeschwindigkeit mit der Schallgeschwindigkeit im Fluid (Ausbreitungsgeschwindigkeit kleiner Druckstörungen). Ab etwa 30 % der Schallgeschwindigkeit liegt eine (zunächst schwach) kompressible Strömung vor. Dies entspricht einer Mach-Zahl Ma = 0,3, weil die Mach-Zahl als das Verhältnis der Strömungsgeschwindigkeit zur Schallgeschwindigkeit definiert wird.

Weiter steigende Mach-Zahlen führen dann zu stets stärkeren Abweichungen im Strömungsverhalten im Vergleich zu einer inkompressiblen Strömung, bis mit dem Überschreiten der Mach-Zahl Ma = 1 ein vollständiger Wechsel im Strömungscharakter von einer Unterschall- zu einer Überschallströmung erfolgt.

**Konvektiver Wärmeübergang** Dabei handelt es sich um einen Energietransport über die Grenze eines Systems, der aufgrund von Temperaturunterschieden in Form von Wärme erfolgt und von Strömungsvorgängen in der Nähe der Systemgrenze unterstützt wird. Es ist eine Kombination aus Wärmeleitung (in Richtung abnehmender Temperatur) und dem konvektiven, häufig wandparallelen Transport der Energie. Wenn Energie von der Systemgrenze in das System gelangt, werden die wandnahen Fluidschichten erwärmt (Wärmeleitung) und gleichzeitig wandparallel stromabwärts transportiert (Konvektion). Für die Beurteilung der Effektivität des Wärmeübergangs ist dabei entscheidend, welche Temperaturdifferenz zwischen der Wand und weiter entfernten Fluidbereichen insgesamt erforderlich ist, um eine bestimmte Wärmestromdichte an der Wand zu erreichen. Diese sog. treibende Temperaturdifferenz $\Delta T$ wird ins Verhältnis zur Wandwärmestromdichte $\dot{q}_W$ (Wärmestrom pro Fläche) gesetzt um damit den sog. Wärmeübergangskoeffizienten $\alpha$ zu bilden. Es gilt

$$\alpha \equiv \frac{\dot{q}_W}{\Delta T} \quad \text{(Wärmeübergangskoeffizient)}$$

Ein guter konvektiver Wärmeübergang besitzt damit einen hohen Wert von $\alpha$. Für die Qualität des Wärmeübergangs ist die Art und Stärke der beteiligten Strömung entscheidend. Es kann sich um laminare oder turbulente Strömungen handeln, wobei turbulente Strömungen generell zu einem besseren Wärmeübergang führen als dies bei laminaren Strömungen der Fall ist. Zusätzlich ist danach zu unterscheiden, ob es sich um eine erzwungene oder eine natürliche Konvektion handelt (s. dazu Erläuterungen unter diesen Stichwörtern).

**Natürliche Konvektion** Es handelt sich um Strömungen, die zustande kommen, weil dem Fluid Energie in Form von Wärme zugeführt und damit eine Strömung in Gang gesetzt oder aufrechterhalten wird. Durch die Temperaturunterschiede in der Nähe der Wärmeübertragungsflächen kommt es zu Dichteunterschieden. Diese führen zu Auftriebskräften, die eine Strömung in Gang setzen bzw. aufrechterhalten. Für eine solche Strömung muss deshalb die Dichte des Fluids temperaturabhängig sein. Da bis auf wenige Ausnahmen (Wasseranomalie) die Dichte von Fluiden mit steigender Temperatur abnimmt, kommt es einheitlich zu einer Strömung gegen die Richtung des Erdbeschleunigungs-Vektors, wenn das Fluid erwärmt wird.

Als Kennzahl in einer dimensionslosen Darstellung tritt in der Regel die Grashof-Zahl $\mathrm{Gr} = \varrho^2\, g\, \beta\, \Delta T\, L^3/\eta^2$ auf. Dabei ist $\Delta T$ als Ursache für die Strömung eine charakteristische Temperaturdifferenz, die Ausdruck für die Stärke der Energieübertragung in das System ist.

**Nußelt-Zahl** Es handelt sich um eine dimensionslose Kennzahl im Sinne der Dimensionsanalyse von Wärmeübertragungsproblemen.

In der Bedeutung entspricht sie dem Wärmeübergangskoeffizienten $\alpha$, auch weil formal gilt

$$\mathrm{Nu} \equiv \frac{\dot{q}_{\mathrm{W}}\, L}{\lambda\, \Delta T} = \alpha\, \frac{L}{\lambda}$$

Gegenüber dem Wärmeübergangskoeffizienten bewertet die Nußelt-Zahl eine Wärmeübergangssituation aber allgemeingültiger, da in dieser Kennzahl vier Größen miteinander verknüpft sind.

**Reynolds-Zahl** Es handelt sich um eine dimensionslose Kennzahl im Sinne der Dimensionsanalyse von Strömungssituationen. Im Fall der erzwungenen Konvektion ist die Reynolds-Zahl die entscheidende (und oftmals einzige) dimensionslose Kennzahl eines Problems. Sie ist definiert als

$$\mathrm{Re} = \frac{\varrho\, U_{\mathrm{B}}\, L_{\mathrm{B}}}{\eta} = \frac{U_{\mathrm{B}}\, L_{\mathrm{B}}}{\nu}$$

Dabei sind $U_{\mathrm{B}}$ eine charakteristische Bezugsgeschwindigkeit und $L_{\mathrm{B}}$ eine charakteristische Länge des Problems. Als Stoffwerte treten die Dichte $\varrho$ und die dynamische Viskosität $\eta$ auf. Beide werden häufig zur kinematischen Viskosität $\nu = \eta/\varrho$ zusammengefasst.

Da die Reynolds-Zahl der entscheidende Parameter ist, liegen für deutlich unterschiedliche Reynolds-Zahlen auch Strömungen mit deutlich unterschiedlichem Charakter vor. Dies wird anschaulich, wenn man die Strömungen für die beiden Grenzfälle $\mathrm{Re} \to 0$ und $\mathrm{Re} \to \infty$ betrachtet.

**Schwarzer Strahler** Es handelt sich um eine Modellvorstellung in Bezug auf das Strahlungsverhalten von Körperoberflächen. Diese Modellvorstellung geht von dem idealen Fall aus, dass eine Körperoberfläche die gesamte einfallende elektromagnetische Strahlung (also auch den Anteil der Wärmestrahlung) vollständig absorbiert. Damit kann dann keine Reflektion auftreten. Zusätzlich emittiert diese Modelloberfläche bei jeder Wellenlänge die maximal mögliche Strahlung. Der Name wurde gewählt, weil wir einen

Körper mit einer solchen Oberfläche im üblichen Sinne nicht sehen würden. Körper können wir unter der Beleuchtung "mit Licht" sehen, weil ein Teil der auftreffenden Strahlung reflektiert wird und die Netzhaut unserer Augen trifft. Diese Reflektion ist bei einem Schwarzen Strahler aber gerade per Definition ausgeschlossen (Beachte: Wir könnten einen solchen Schwarzen Strahler aber sehen, wenn er elektromagnetische Strahlung im Wellenlängenbereich des für uns sichtbaren Lichtes emittiert, wie dies bei der Sonne der Fall ist). Die idealisierte Modellvorstellung führt zu einem relativ einfachen mathematischen Ausdruck für das Strahlungsverhalten von Körpern mit solchen Oberflächen (als Funktion der Temperatur und der Strahlungswellenlänge). Reale Körper werden dann dadurch charakterisiert, dass ihr Strahlungsverhalten zu demjenigen des Schwarzen Strahlers in Relation gesetzt wird. Es entstehen dann z. B. Absorptions- und Emissionsgrade als Zahlenwerte zwischen 0 und 1.

**Strömungsgrenzschicht** Es handelt sich um den wandnahen Teil eines Strömungsfelds an einem mit hoher Geschwindigkeit (und damit auch hoher Reynoldszahl) umströmten Körper. In dieser Grenzschicht sind Reibungseffekte von großer Bedeutung und bestimmen die wandnahen Strömungsprofile als sog. Grenzschichtprofile. Sie entstehen, weil an festen Wänden die sog. Haftbedingung gilt, d. h., das Fluid gleitet nicht entlang der Wand, sondern bildet Geschwindigkeitsprofile aus, die zur Wand hin abfallen und an der (ruhenden) Wand den Wert Null annehmen. Damit gibt es keine Relativbewegung des Fluids zur Wand. Die Dicke der Grenzschicht ist von der Reynolds-Zahl abhängig, sie nimmt mit wachsender Reynolds-Zahl stark ab. Grenzschichten treten umso deutlicher auf, je höher die Reynolds-Zahl Re ist. Die Grenzschichttheorie ist eine asymptotische Theorie für $\mathrm{Re} \to \infty$.

**Taupunkttemperatur** Es handelt sich um eine Temperatur, mit der ein Gas-Dampf-Gemisch bzgl. seines Kondensationsverhaltens charakterisiert werden kann. Ein bestimmtes Gas-Dampf-Gemisch (fester Zusammensetzung und bei einem bestimmten Druck) besitzt eine eindeutige Taupunktemperatur. Es ist diejenige Temperatur, bei der das Gas-Dampf-Gemisch bzgl. der

Dampfkomponente im gesättigten Zustand vorliegt. Sie stellt damit eine untere Grenztemperatur für ein Gas-Dampf-Gemisch dar, bei dem es nicht zur Kondensation kommt. In einem Abkühlvorgang tritt mit Erreichen der Taupunkttemperatur Kondensation auf, was zu einer Veränderung der Zusammensetzung des Gas-Dampf-Gemisches (und damit auch zu einer veränderten Taupunkttemperatur führt).

**Turbulente Strömung** Es handelt sich um eine Strömungsform, bei der es innerhalb der Strömung zu starken Verwirbelungen kommt. Dies führt dazu, dass alle Strömungsgrößen wie die Geschwindigkeit und der Druck lokal schwankende Größen sind. Solche Strömungen entstehen, weil innerhalb der Strömung stets vorhandene (kleine) Störungen nicht gedämpft werden können, sondern bis zu einer bestimmten Stärke durch die Strömung "angefacht" werden. Diese Situation liegt oberhalb bestimmter sog. kritischer Reynolds-Zahlen vor. Diese kritischen Reynolds-Zahlen besitzen für verschiedene Strömungsformen (Rohrströmung, Grenzschichtströmung, ...) unterschiedliche Zahlenwerte. Diese sind aber stets relativ niedrig, so dass technisch interessante Strömungen fast immer turbulente Strömungen sind. Um solche Strömungen berechnen zu können, teilt man sie gedanklich in einen zeitlichen Mittelwert und zusätzlich vorhandene Schwankungen auf. Gleichungen, mit denen man die zeitlichen Mittelwerte berechnen kann, müssen dann aber sog. Turbulenzmodelle enthalten, ein Problem, das bis heute noch nicht befriedigend gelöst werden konnte.

**Verdampfungsenthalpie** Es handelt sich um die Energie, die aufgebracht werden muss, um den Phasenwechsel von der flüssigen zur gasförmigen Phase eines Fluids zu realisieren. Da bei diesem Vorgang neben der Erhöhung der inneren Energie auch noch Volumenänderungsarbeit geleistet werden muss, erfolgen die Angaben als Enthalpien, in denen beide Effekte erfasst sind. Da ein solcher Phasenwechsel grundsätzlich nur bei Temperaturen zwischen der Tripel- und der kritischen Temperatur erfolgen kann, gibt es Werte von $\Delta h_\text{v}$ (spezifische Verdampfungsenthalpie) nur für diesen Temperaturbereich. Die Werte von $\Delta h_\text{v}$ nehmen mit steigender

Temperatur stetig ab und erreichen im kritischen Punkt den Wert $\Delta h_{\mathrm{v}} = 0$. Zu beachten ist, dass die Energie (bzw. Enthalpie) wieder freigesetzt wird, wenn der gegenläufige Vorgang, also die Kondensation (Übergang von der gasförmigen zur flüssigen Phase), auftritt.

**Wasseranomalie** Es handelt sich um ein qualitativ außergewöhnliches Verhalten von Wasser im Vergleich zu anderen Stoffen bzgl. folgender Aspekte des generellen Stoffverhaltens:

- Die Dichte der festen Phase (Eis) ist geringer als diejenige der flüssigen Phase. Als Folge davon schwimmt Eis an der Wasseroberfläche, während im Normalfall die feste Phase in der Flüssigkeit "versinkt".
- Die Dichte der flüssigen Phase besitzt keine monotone, gleichförmige Abhängigkeit von der Temperatur, sondern besitzt bei relativ niedrigen Temperaturen einen Maximalwert. Dieser ist noch vom Druck abhängig; bei Umgebungsdruck (1 bar) liegt das Dichte-Maximum etwa bei 4 °C.
- Die Schmelzdruckkurve als $p(T)$-Gleichgewichtsbedingung zwischen der festen und der flüssigen Phase ist leicht nach links geneigt, d. h. mit steigendem Druck nimmt die Schmelztemperatur (leicht) ab.

**Wärmekapazität** Es handelt sich um einen stoffspezifischen Wert, der angibt, wieviel Energie in einem Stoff über eine entsprechende Temperaturerhöhung gespeichert werden kann. Bei Feststoffen ist dies die sog. spezifische Wärmekapazität, also eine auf die Masse des Stoffs bezogene Größe $c$ mit der Einheit kJ/kg K. Als Beispiele seien die Werte von Eisen ($c \approx 0{,}44\,\mathrm{kJ/kg\,K}$), Beton ($c \approx 0{,}9\,\mathrm{kJ/kg\,K}$) und flüssigem Wasser ($c \approx 4{,}2\,\mathrm{kJ/kg\,K}$) genannt. Bei Gasen tritt ein zusätzlicher Effekt auf. Mit der Wärmeübertragung, die zu einer Energiespeicherung führt, kann auch eine Expansion des Gases einhergehen, die dann ebenfalls energetisch relevant ist, weil für eine Expansion Energie erforderlich ist (die dann in dem expandierten Gas entsprechend gespeichert ist). Deshalb werden für Gase zwei verschiedene Werte der Wärmekapazität definiert, einmal bei unverändertem Volumen (aber veränderlichem Druck) und einmal bei unverändertem Druck (aber veränderlichem Volumen). Dies sind die Werte $c_v$ und $c_p$. Der Index besagt jeweils, welche Größe konstant bleibt. Grundsätzlich gilt dann $c_p > c_v$, da bei gleichem Druck stets noch die sog. Volumenänderungsarbeit geleistet werden muss, für die ebenfalls Energie benötigt wird. Als Beispiele seien die Werte von Luft bei 20 °C ($c_p = 1{,}005\,\mathrm{kJ/kg\,K}$, $c_v = 0{,}718\,\mathrm{kJ/kg\,K}$) genannt.

**Wärmeleitfähigkeit** Es handelt sich um einen Stoffwert, mit dem die Fähigkeit des betrachteten Stoffs quantifiziert wird, Energie in Form von Wärme in Richtung abnehmender Temperatur fließen zu lassen. Da ein Temperaturgradient prinzipiell zu einem solchen Energiefluss führt, stellt die Wärmeleitfähigkeit ein Verhältnis aus dem Wärmestrom und dem ihn erzeugenden Temperaturgradienten dar. Um eine Unabhängigkeit von der vorhandenen Übertragungsfläche $A$ zu erreichen, wird nicht der Wärmestrom $\dot{Q}$ selbst, sondern sein Wert pro Übertragungsfläche betrachtet, was als Wärmestromdichte $\dot{q} = \dot{Q}/A$ bezeichnet wird. Unter Berücksichtigung des negativen Vorzeichens des Temperaturgradienten (Energie fließt stets in Richtung abnehmender Temperatur) gilt deshalb

$$\lambda = \frac{\dot{q}}{-\mathrm{grad}(T)}$$

Diese (molekulare) Wärmeleitfähigkeit $\lambda$ ist ein Stoffwert, der für verschiedene Stoffe noch unterschiedlich stark von der Temperatur und dem Druck abhängt. Für turbulente Strömungen wird eine sog. scheinbare Wärmeleitfähigkeit eingeführt, die aber kein Stoffwert, sondern eine von der konkreten Strömung abhängige Größe ist und damit anders als $\lambda$ nicht als allgemeine Stoffgröße vertafelt werden kann.

**Wärmeleitung** Es handelt sich um das Auftreten eines Wärmestroms in Richtung abnehmender Temperatur in einem ruhenden Medium, d. h. ohne eine Beeinflussung dieses Vorgangs durch weitere Effekte wie Konvektion, Phasenwechsel oder Wärmestrahlung. Diese Wärmeleitung führt zu einem Temperaturausgleich in einem System, wenn die Temperaturunterschiede nicht durch entsprechende thermische Randbedingungen aufrechterhalten werden.

In fast allen Fällen ist der flächenbezogene Wärmestrom, die sog. Wärmestromdichte $\dot{q} = \dot{Q}/A$, proportional zum örtlichen Temperaturgradienten, d. h., es gilt $\dot{q} \sim \mathrm{grad}(T)$. Der Proportionalitätsfaktor ist ein stoffabhängiger (weitgehend) konstanter Zahlenwert $\lambda$, die sog. Wärmeleitfähigkeit. Mit einem Minuszeichen in der Wärmestrombeziehung $\dot{q} = -\lambda\,\mathrm{grad}(T)$ ist sichergestellt, dass $\lambda$ stets ein positiver Zahlenwert ist. Dieser Zusammenhang ist eine sog. konstitutive Gleichung (Zusammenhang zwischen einem vektoriellen Fluss und einem Skalarfeld) und stellt zunächst einen Ansatz dar, der auf seine Tragfähigkeit hin untersucht werden muss. Vergleiche mit experimentellen Daten zeigen, dass mit diesem Ansatz bis auf wenige Ausnahmen die Wärmeleitung hervorragend beschrieben werden kann. Dieser Ansatz geht auf J. B. J. Fourier (1768 - 1830) zurück und wird häufig Fouriersches Wärmeleitungsgesetz genannt.

**Wärmestrahlung** Es handelt sich dabei um eine elektromagnetische Strahlung, mit der Energie zwischen Körpern ausgetauscht werden kann. Der Wellenlängenbereich mit erheblicher Energiedichte liegt etwa zwischen $10^{-7}$ m und $10^{-3}$ m, also zwischen 1/10 000 mm und 1 mm, und beinhaltet damit auch die Wellenlängen des sichtbaren Lichts ($4 \cdot 10^{-5}$ m bis $7 \cdot 10^{-5}$ m).

Der aussendende Körper gibt auf diese Weise (innere) Energie ab, der empfangende Körper erhöht dagegen durch Absorption dieser Strahlung seine innere Energie. Die Stärke der abgestrahlten Energie ist entscheidend von der Temperatur des Körpers abhängig, wobei folgendes gilt: Jeder Körper mit einer endlichen Temperatur (oberhalb des absoluten Temperatur-Nullpunkts bei $-273{,}15\,°\mathrm{C} = 0\,\mathrm{K}$) sendet Wärmestrahlung in dem (gesamten) Wellenlängenspektrum der Wärmestrahlung aus und zwar mit umso höherer Intensität, je höher seine Temperatur ist. Jeder Körper absorbiert aber auch (mehr oder weniger stark) die Wärmestrahlung von allen umgebenden Körpern, so dass letztendlich in einer bestimmten Situation ein äußerst komplexes Gleichgewicht zwischen aufgenommener und abgegebener Energie (jeweils in Form von Wärmestrahlung) entsteht. Damit ist die Wärmestrahlung ein Wärmeübertragungs-Mechanismus, der stets präsent ist.

Wenn andere Mechanismen, wie z. B. ein konvektiver Wärmeübergang deutlich stärker sind, kann der Energieaustausch durch Wärmestrahlung zunächst vernachlässigt werden. Dies ist bei Temperaturen in der Nähe unserer alltäglichen Umgebung häufig (aber nicht immer!) der Fall. Bei sehr hohen Temperaturen muss die Wärmestrahlung bei einer Betrachtung von Wärmeübertragungssituationen aber stets berücksichtigt werden.

**Wärmestromdichte** Es handelt sich um einen flächenbezogenen Wärmestrom $\dot{Q}$, also um die Größe $\dot{q} = \dot{Q}/A$. Diese Größe ist immer dann sinnvoll einsetzbar, wenn die Intensität der Wärmeübertragung betrachtet werden soll und nicht der Absolutwert eines Wärmestroms interessiert. Diese Größe tritt z. B. in der Fourierschen Wärmeleitungs-Beziehung $\dot{q} = -\lambda \, \mathrm{grad}(T)$ auf und ermöglicht damit eine Angabe über den lokalen Wert der Intensität eines Wärmestroms, abhängig vom lokalen Temperaturgradienten, durch den er zustande kommt. Der Wärmestrom $\dot{Q}$, der an einer endlichen Fläche $A$ auftritt, entsteht dann als

$$\dot{Q} = \int\limits_{\mathrm{A}} \dot{q} \, \mathrm{d}A \tag{50.1}$$

oder einfach als $\dot{Q} = \dot{q}\, A$, wenn $\dot{q}$ auf der Fläche $A$ einen einheitlichen Wert besitzt.

**Wärmeübergang** Es handelt sich um einen Transport innerer Energie über eine Systemgrenze aufgrund von Temperaturunterschieden. Wenn die beteiligten Systeme in Ruhe sind liegt eine reine Wärmeleitung vor. Zusätzlich kann dieser Vorgang durch eine Strömung intensiviert werden, bei der die bereits erwärmten oder abgekühlten Fluidteile in der Nähe der Systemgrenze konvektiv (d. h. durch die Strömung) entfernt und damit größere Temperaturunterschiede aufrechterhalten werden (konvektiver Wärmeübergang). Weiterhin kann der Wärmeleitungsvorgang durch einen Phasenwechsel in der Nähe der Systemgrenze verstärkt werden, weil dabei große Energiemengen freigesetzt (Kondensation) oder gebunden (Sieden) werden.

**Wärmeübergangskoeffizient** Es handelt sich dabei um einen Koeffizienten, mit dem der Wärmeübergang in einer bestimmten Wärmeübertragungssituation pauschal mit einem Zahlenwert bewertet werden soll. Er ist definiert als das Verhältnis aus dem pro Fläche übertragenen Wärmestrom $\dot{q}_w$ in $W/m^2$ (auch Wärmestromdichte genannt) und der dazu erforderlichen sog. treibenden Temperaturdifferenz $\Delta T$.

Es gilt also

$$\alpha \equiv \frac{\dot{q}_w}{\Delta T} \quad \text{(Wärmeübergangskoeffizient in W/m}^2\,\text{K)}$$

Die Bestimmung von $\alpha$ in einer konkreten Situation wird häufig als die Hauptaufgabe angesehen, wenn es darum geht "den Wärmeübergang" zu ermitteln. Wenn $\alpha$ bekannt ist, kann für eine vorgegebene Temperaturdifferenz der pro Fläche auftretende Wärmestrom ermittelt werden, oder es kann angegeben werden, welche Temperaturdifferenz erforderlich ist, um eine bestimmte Wärmestromdichte zu erreichen.

Mit $\dot{q}_w$ ist die an einer Systemgrenze, meist einer Wand, auftretende Wärmestromdichte gemeint. Diese wird von dem Fluid und der konkreten physikalischen Situation im Fluid beeinflusst, nicht aber von Eigenschaften der Wand (etwa deren Wärmeleitfähigkeit), weil mit $\alpha$ nur die Vorgänge zwischen der Wand und dem angrenzenden Fluid erfasst werden. Somit ist $\alpha$ abhängig davon, welches Fluid vorliegt und welche physikalische Situation im Fluid herrscht. Wenn diese Situation von der treibenden Temperaturdifferenz beeinflusst wird (wie bei der natürlichen Konvektion), ist $\alpha$ auch von $\Delta T$ abhängig.

Zahlenwerte von $\alpha$ können in verschiedenen Situationen sehr verschieden sein und durchaus Werte zwischen 1 und 100 000 annehmen.

# Und wer gerne mehr wissen möchte...

...erfährt dies in

## Ach, so ist das!

(Springer Vieweg, Wiesbaden 2014)

dem dazugehörigen "Master-Buch", in dem zu jedem der 50 Phänomene noch eine weitergehende Betrachtung angestellt wird. Dieses setzt aber gewisse Grundkenntnisse bzgl. der Physik und mathematischen Behandlung von Problemen voraus.

Ob das für Sie, lieber Leser, interessant sein könnte, lässt sich anhand der folgenden vier Beispiele (jeweils ein Beispiel aus den vier Bereichen I-IV) entscheiden: Sie zeigen, welche Art von Zusatzinformation zu einem weitergehenden Verständnis bzgl. der 50 Alltagsphänomene beitragen. Die auswählten Beispiele sind:

**Phänomen 3**: Heiße Gegenstände
**Phänomen 21**: Kochen im Dampfdrucktopf
**Phänomen 33**: Schlittschuhlaufen auf "stumpfem" Eis
**Phänomen 35**: Heizen bei Abwesenheit

**3** **Das Phänomen:** Nicht an jedem heißen Gegenstand verbrennen wir uns die Finger - wieso eigentlich nicht?

An einer heißen Pfanne können wir uns auf sehr unangenehme Weise die Finger verbrennen, an einem gleich heißen Gegenstand aus Kunststoff aber nicht. Es kann also nicht alleine die Temperatur eines Gegenstands entscheidend dafür sein, ob wir uns die Finger verbrennen oder nicht.

**Bild 3.1:** Schmerzhafte Begegnung mit einer heißen Bratpfanne

## ...und die Erklärung

Sich die Finger[1] zu verbrennen bedeutet, dass eine große Energiemenge in Form von Wärme in relativ kurzer Zeit und auf einem hohen Temperaturniveau in die Haut übertragen wird und es dabei zu Gewebeveränderungen kommt. Dies sind zunächst keine präzisen Angaben und es ist in der Tat auch nicht möglich, verbindliche Zahlenwerte zu nennen, da die konkreten Situationen, in denen wir uns verbrennen können, sehr unterschiedlich sind. Die Erfahrung besagt aber, dass Gegenstände mit hoher WÄRMEKAPAZITÄT und hoher WÄRMELEITFÄHIGKEIT, wie z. B. die meisten Metalle, nicht aber Holz oder leichte Kunststoffe, besonders "gefährlich" sind. Außerdem spielt offensichtlich die Kontaktzeit eine wesentliche Rolle, weil wir Verbrennungen vermeiden können, wenn wir die Finger rechtzeitig zurückziehen.

Um ein Verbrennen des Fingers zu vermeiden, darf eine bestimmte Energiemenge, die in den Finger gelangt, nicht überschritten werden und es darf eine bestimmte Temperatur nicht erreicht werden, bei der es zu einer Gewebeveränderung am Finger kommen würde. Daraus folgen als qualitative Aussagen:

- Je höher die Wärmekapazität des heißen Gegenstands ist, umso mehr Energie ist in ihm gespeichert, die dann an den Finger abgegeben werden kann. Bei diesem Wärmeübergang an den Finger kühlt der heiße Gegenstand ab, bei geringer Wärmekapazität so schnell, dass nach kurzer Zeit keine gefährliche Temperatur mehr vorliegt.

[1]Der Finger steht hier "stellvertretend" für alle Stellen am Körper, an denen wir uns verbrennen können.

- Je höher die Wärmeleitfähigkeit des heißen Gegenstands ist, umso leichter und schneller kann Energie an die Kontaktstelle mit dem Finger gelangen und dann in den Finger fließen.

Metalle, z.B., haben sowohl eine hohe Wärmekapazität als auch eine hohe Wärmeleitfähigkeit: Viel Energie fließt in den Finger und der heiße Gegenstand kühlt nur langsam ab → wir können uns verbrennen!

Holz, z.B., hat eine geringe Wärmekapazität und niedrige Wärmeleitfähigkeit: Wenig Energie fließt in den Finger und der heiße Gegenstand kühlt in der Nähe der Kontaktstelle schnell ab → unser Finger ist nicht in Gefahr!

## Weitergehende Betrachtungen

Für die weiteren Ausführungen soll zunächst nur von allgemeinen, nicht spezifizierten Grenzwerten für die in diesem Zusammenhang relevanten Größen ausgegangen werden, s. Tab. 3.1 für diese und alle im Folgenden einzuführenden Größen. Diese Größen sind (jeweils mit der Kennzeichnung $\widehat{\ }$ für den Grenzwert):

- Eine Mindesttemperatur am Finger $\widehat{T}_{\mathrm{F}}$, ab der eine Gewebeveränderung auftritt.

- Eine Mindesttemperatur des heißen Gegenstands $\widehat{T}_{\mathrm{HG}}$; Oberflächentemperaturen von Gegenständen, an denen wir uns verbrennen können, müssen höher als die Hauttemperatur $\widehat{T}_{\mathrm{F}}$ sein, ab der Gewebeveränderungen auftreten.

- Eine MindestWärmestromdichte $\widehat{\dot{q}}$; die Wärmeübertragung muss im Sinne von $\dot{q} > \widehat{\dot{q}}$ so intensiv sein, dass die übertragene Energie zu lokalen Hauttemperaturen $T > \widehat{T}_{\mathrm{F}}$ führt, weil sie nicht durch einen inneren Wärmeübergang (durch Wärmeleitung und einen konvektiven Transport mit dem Blut) hinreichend stark von der verbrennungsgefährdeten Körperpartie, hier dem Finger, wegtransportiert werden kann.

- Eine Mindestexpositionszeit $\widehat{\Delta t}$; da Wärmestromdichten stets endlich sind, wird eine für die Verbrennung der Haut erforderliche Mindestenergie nur in einer bestimmten endlichen Zeit übertragen.

- Eine volumetrische Mindestwärmekapazität $\widehat{C}$ des heißen Gegenstands; nur wenn dieser Grenzwert überschritten wird, kann der heiße Gegenstand genügend Energie abgeben, um eine Verbrennung auszulösen.

Diese Grenzwerte stellen keine für sich genommenen Absolutwerte dar. Sie beeinflussen bzw. bedingen sich vielmehr gegenseitig im Sinne von "wenn ein bestimmter Grenzwert diesen Zahlenwert besitzt, dann muss ein anderer Wert mindestens so groß sein, dass ...". Dies soll im Folgenden genauer erläutert werden.

Dazu wird von der in Bild 3.2 skizzierten einfachen Modellvorstellung ausgegangen, bei der über eine Kontaktfläche $A$ eine bestimmte Energiemenge $E$ in den

Finger übertragen wird. Zur Vereinfachung wird dabei angenommen, dass die übertragene Energie aus einem Teilvolumen $V_{\mathrm{HG}}$ stammt, das sich ausgehend von der Anfangstemperatur $T_{\mathrm{HG},0}$ gleichmäßig abkühlt. Diese übertragene Energie führt im Teilvolumen $V_{\mathrm{F}}$ des Fingers ausgehend von dessen Anfangstemperatur $T_{\mathrm{F},0}$ zu einer entsprechenden Temperaturerhöhung. Dabei wird auch hier unterstellt, dass sich das Teilvolumen $V_{\mathrm{F}}$ gleichmäßig erwärmt.

Mit dieser einfachen Modellvorstellung können die prinzipiellen Abhängigkeiten anschaulich erklärt werden. Dazu wird zunächst folgende Energiebilanz für die mindestens zu übertragende Energiemenge $\widehat{E}$ pro Fläche $A$ aufgestellt:

$$\underbrace{\frac{\widehat{E}}{A} = \widehat{q}\,\widehat{\Delta t}}_{(1)} = \underbrace{\frac{V_{\mathrm{F}}\,C_{\mathrm{F}}}{A}\,(\widehat{T}_{\mathrm{F}} - T_{\mathrm{F},0})}_{(2)} = \underbrace{\frac{V_{\mathrm{HG}}\,\widehat{C}_{\mathrm{HG}}}{A}\,(\widehat{T}_{\mathrm{HG},0} - \widehat{T}_{\mathrm{F}})}_{(3)} \tag{3.1}$$

Diese Gleichungsfolge besagt, dass die über der Fläche $A$ übertragene Mindestenergiemenge $\widehat{E}$, s. Term (1), der Energie entspricht, die vom Finger-Teilvolumen $V_{\mathrm{F}}$ aufgenommen wird, s. Term (2), und gleichzeitig auch die Energie ist, die vom heißen Körper abgegeben wird, s. Term (3). Daran sind folgende Abhängigkeiten zu erkennen:

- Eine Verbrennung tritt nach diesem Modell nur auf, wenn der Kontakt mit dem heißen Körper mindestens $\widehat{\Delta t}$ dauert. Instinktiv ziehen wir den Fin-

**Tabelle 3.1:** Beteiligte physikalische Größen

| Symbol | Einheit | Bedeutung |
|---|---|---|
| $\widehat{T}_{\mathrm{F}}$ | °C | Mindesttemperatur für eine Verbrennung |
| $T_{\mathrm{F},0}$ | °C | anfängliche Hauttemperatur |
| $\widehat{T}_{\mathrm{HG}}$ | °C | Mindesttemperatur des heißen Gegenstands |
| $\widehat{T}_{\mathrm{HG},0}$ | °C | anfängliche Mindesttemperatur des heißen Gegenstands |
| $\widehat{q}$ | $\mathrm{W/m^2}$ | Mindestwärmestromdichte |
| $\widehat{\Delta t}$ | s | Mindestexpositionszeit |
| $\widehat{C}_{\mathrm{HG}}$ | $\mathrm{J/m^3\,K}$ | volumetrische Mindestwärmekapazität |
| $\widehat{E}$ | J | Mindestenergiemenge |
| $A$ | $\mathrm{m^2}$ | Übertragungsfläche |
| $V$ | $\mathrm{m^3}$ | Volumen |
| $a$ | $\mathrm{m^2/s}$ | Temperaturleitfähigkeit |
| $\lambda$ | $\mathrm{W/m\,K}$ | Wärmeleitfähigkeit |

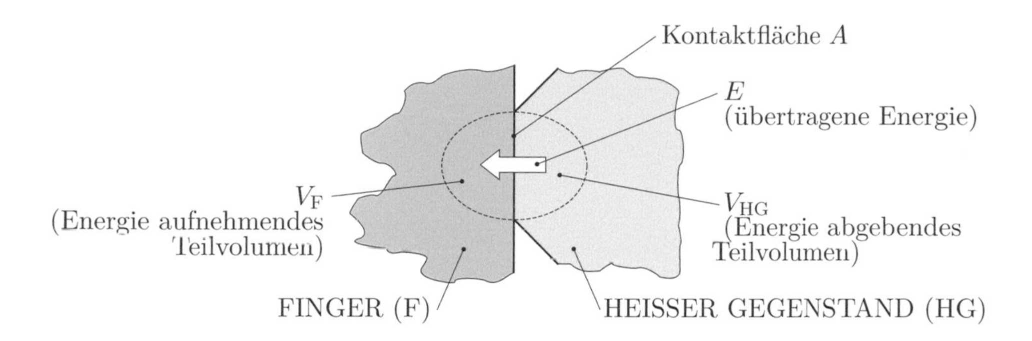


**Bild 3.2:** Modellvorstellung zum lokalen Wärmeübergang auf einer Fläche $A$, bei dem Verbrennungen auftreten können

ger zurück, wenn eine Verbrennung droht. Da gemäß Gl. (3.1) die Zeit $\widehat{\Delta t}$ aber umso kürzer ist, je größer $\widehat{q}$ ist, kann eine Verbrennung nur vermieden werden, solange unsere Reaktionszeit kürzer als $\widehat{\Delta t}$ ist. Jetzt stellt sich aber auch die Frage, wodurch eigentlich der Wert der Wärmestromdichte $\widehat{q}$ bestimmt wird. Um darauf eine Antwort zu finden, reicht die Modellvorstellung, die zur Gl. (3.1) geführt hat, nicht aus. Es muss stattdessen der zeitabhängige Vorgang des Abkühlens bzw. Aufheizens betrachtet werden. Dabei zeigt sich dann, dass die Wärmestromdichte selbst auch nicht konstant ist, sondern mit der Zeit abnimmt, und zwar umso schneller, je größer die sog. Temperaturleitfähigkeit $a$ des jeweiligen Körpers ist. Da in der hier gewählten Modellvorstellung $\widehat{q}$ als zeitlicher Mittelwert interpretiert werden kann, überträgt sich prinzipiell die Abhängigkeit der Wärmestromdichte von der Temperaturleitfähigkeit auch in dieses Modell und damit auf $\widehat{q}$. Demnach wird $\widehat{\Delta t}$ größer, wenn $a$ und damit auch $\widehat{q}$ abnimmt. Diese Temperaturleitfähigkeit ist die Kombination $a = \lambda/C$ aus der Wärmeleitfähigkeit $\lambda$ und der volumetrischen Wärmekapazität $C$. Recht anschaulich nimmt $\widehat{q}$ also ab und nimmt $\widehat{\Delta t}$ damit zu, wenn die Wärmeleitfähigkeit $\lambda$ des Körpers abnimmt.

Dies erklärt, warum "Feuerläufer" barfuß über glühende Kohlen laufen können: Zum einen ist die Kontaktzeit sehr kurz und zum anderen führt die Hornhaut unter den Füßen (mit kleinen Werten von $\lambda$) zu relativ kleinen Werten von $\widehat{q}$ und damit großen kritischen Werten $\widehat{\Delta t}$.

- Aus dem Term (3) ist zu entnehmen, dass eine Verbrennung vermieden würde, wenn man das Volumen $V_{\text{HG}}$ oder die volumetrische Wärmekapazität $C_{\text{HG}}$ verringern könnte. Die Erfahrung besagt, dass man eine heiße Aluminiumfolie durchaus berühren darf (dann ist $V_{\text{HG}}$ sehr klein). Der Term (3) zeigt auch, dass die anfängliche Temperatur des heißen Gegenstands höher als die Temperatur sein muss, bei der es in der Haut zu Gewebeveränderungen kommt. Da wir uns mit siedendem Wasser definitiv die Finger verbrennen, liegt in diesem Fall die Temperatur oberhalb der Grenztemperatur $\widehat{T}_{\mathrm{F}}$ des Fingers. Daraus kann immerhin gefolgert werden, dass $\widehat{T}_{\mathrm{F}}$ kleiner als 100 °C ist.

**21** **Das Phänomen:** Das Kochen im Dampfdruck-Kochtopf geht schnell, hat aber manchmal auch seine Tücken

Ein ebenfalls gängiger Name ist "Schnellkochtopf", womit bereits eine wichtige Funktion benannt ist. Es geht schneller und als Folge davon ist es auch energetisch sinnvoll, mit dem Dampfdruck- bzw. Schnellkochtopf zu kochen. Die Benutzung eines solchen Dampfdruck-Kochtopfes kann aber auch seine Tücken haben: Dass man zwischendurch den Kochzustand nicht testen kann, ist noch das geringere Problem. Wenn man den Kochvorgang unterbricht, um z. B. weitere Zutaten zuzugeben, kommt es sehr leicht dazu, dass z. B. eine Erbsensuppe anbrennt und damit weitgehend ungenießbar wird.

**Bild 21.1:** Kochen im Dampfdruck-Kochtopf spart Zeit und Energie

# ...und die Erklärung

Kochen ist ein Vorgang, bei dem im Lebensmittel biochemische Prozesse (s. dazu das Phänomen Nr. 16 zum Thema Kochen, backen und braten) dadurch in Gang gesetzt werden, dass bestimmte Grenztemperaturen überschritten werden und dass das Lebensmittel eine bestimmte Zeitspanne mindestens auf diesem Temperaturniveau verbleibt. Dabei ist zu beachten, dass dies insbesondere auch für die inneren Bereiche der Lebensmittel gilt, die in einem insgesamt instationären Wärmeübertragungsprozess zu Beginn des Kochvorgangs nur langsam ihre Temperatur erhöhen.

Maßgeblich für diesen "inneren Wärmeübergang" ist die Temperatur an der Oberfläche eines Kochguts, weil im Inneren eine reine (instationäre, dreidimensionale) WÄRMELEITUNG vorliegt, die von den vorhandenen Temperaturunterschieden in dem Kochgut bestimmt wird. Bei einer schlechten Wärmeleitung im Kochgut wird sich zunächst eine ungleichmäßige Verteilung der Temperatur einstellen mit den niedrigsten Werten im Inneren. Bei guter Wärmeleitung kommt es zu einer nahezu gleichmäßigen Erwärmung des gesamten Kochguts mit der Zeit. Wie schnell die Erwärmung erfolgt, hängt von der Stärke des Wärmeübergangs in das Kochgut ab.

Die einfache Energiebilanz in diesem Zusammenhang lautet: Die über die Oberfläche in das Kochgut pro Zeit einfließende Energie entspricht der pro Zeit im

Kochgut zusätzlich gespeicherten Energie. Diese zusätzliche Energiespeicherung erfolgt sensibel, d. h. über eine Temperaturerhöhung, deren Stärke maßgeblich von der (spezifischen) Wärmekapazität des Kochguts beeinflusst wird.

Wie stark der Wärmeübergang in das Kochgut ist, hängt von den Verhältnissen um das Kochgut herum ab. Prinzipiell befindet es sich in einer zunächst ruhenden Flüssigkeit in dem (geschlossenen) Kochtopf. Die Erwärmung der Flüssigkeit über den Boden des Kochtopfs führt zu schwachen Bewegungen der Flüssigkeit im Kochtopf, was als NATÜRLICHE KONVEKTION bezeichnet wird. Damit liegt dann an der Oberfläche des Kochguts ein KONVEKTIVER WÄRMEÜBERGANG vor, der aber wegen der relativ geringen Strömungsgeschwindigkeiten nicht viel stärker ist als der Wärmeübergang bei reiner Wärmeleitung.

Ein Kochvorgang wird umso schneller beendet sein, je früher im Inneren die Mindesttemperatur erreicht wird, aber auch, je höher danach das erreichte Temperaturniveau ist. Dabei kann davon ausgegangen werden, dass eine Erhöhung des Temperaturniveaus um 10 °C die Geschwindigkeit, mit der die biochemischen Reaktionen ablaufen, etwa um den Faktor 2 bis 3 erhöht.[1] Beide Aspekte werden durch die Dampfdruck-Kochtopf-Methode positiv beeinflusst. In dem geschlossenen Innenraum des Dampfdruck-Kochtopfs herrscht nicht mehr ein durch die Umgebung aufgeprägter Druck $p_U = 1\,\text{bar}$, der gemäß der DAMPFDRUCKKURVE von Wasser zu einer Siedetemperatur von etwa 100 °C führen würde.

Im geschlossenen Dampfdruck-Kochtopf herrscht vielmehr nach einer Aufwärmphase ein anderer Zustand des Phasengleichgewichts Wasser/Wasserdampf, der bezüglich der Druck- und Temperaturwerte durch die Dampfdruckkurve von Wasser beschrieben ist. Da die Gasphase neben dem Wasserdampf auch noch geringe Mengen Luft enthält, ist für das Phasengleichgewicht der Partialdruck des Wasserdampfs maßgeblich. Dieser bildet mit dem Partialdruck der trockenen Luft den messbaren Systemdruck im geschlossenen Dampfdruck-Kochtopf. Welcher Zustand sich einstellt, hängt von der in Form von Wärme an den Kochtopf übertragenen Energie ab. Eine Kontrolle erfolgt über eine Anzeige, die üblicherweise zwei diskrete Druckstufen vorsieht:

(1) Stufe 1: $p = 1{,}4\,\text{bar} \;/\; T \approx 110\,°\text{C}$

(2) Stufe 2: $p = 1{,}8\,\text{bar} \;/\; T \approx 116\,°\text{C}$

Um zu hohe Drücke zu vermeiden, ist stets ein Sicherheitsventil vorgesehen, das bei einem vorgegebenen Maximaldruck anspricht und für eine Druckentlastung durch das Ausströmen von Wasserdampf sorgt (Vorsicht: Verbrennungsgefahr!).

Die erhöhten Temperaturen im Wasser und damit an der Oberfläche des Kochguts bewirken das frühere Überschreiten der erforderlichen Kerntemperatur und

[1] Dies ist die sog. van't Hoffsche RGT-Regel, die einen Zusammenhang zwischen der Reaktionsgeschwindigkeit und der Temperatur durch den $Q_{10}$-Wert darstellt. Dieser entspricht dem Verhältnis der Reaktionsgeschwindigkeiten bei einer Temperatur $T + 10\,°\text{C}$ und bei der Temperatur $T$. Typische $Q_{10}$-Werte für biochemische Prozesse liegen bei 2 bis 3.

sorgen für insgesamt höhere Temperaturen im Kochgut. Beides führt, wie beschrieben, zu kürzeren Kochzeiten. Dabei ist zu beachten, dass bei solchen Kochvorgängen mit Wasser als Wärmeübertragungsfluid die an der Kochgutoberfläche maximal auftretende Temperatur stets die Siedetemperatur des Wassers ist. Jede weitere Energiezufuhr in Form von Wärme führt zu einem stärkeren Phasenwechsel des Wassers (→ Dampfbildung). Was die Temperatur betrifft, bleibt es bei der Siedetemperatur, die aber mit steigendem Druck im geschlossenen Topf gemäß der Dampfdruckkurve zunimmt.

Problematisch kann die Benutzung des Dampfdruck-Kochtopfs werden, wenn der Kochvorgang unterbrochen werden soll, damit weitere Zutaten hinzugegeben werden können. Dazu wird der Dampfdruck durch Abkühlen unter einem kalten Wasserstrahl soweit reduziert, dass der Deckel nahezu drucklos entfernt werden kann. In der Nähe des Topfbodens, z. B. in der Erbsensuppe, herrschen aber noch die hohen Temperaturen der Hochdruckphase, so dass dort eine rege Bildung von Dampf auftritt, der dann unter der Wirkung von Auftriebskräften aufsteigt. Damit wird aber der Feststoffanteil in Bodennähe und mit Bodenkontakt deutlich vergrößert. Wird jetzt der Deckel wieder geschlossen, um erneut den hohen Druck aufzubauen, findet der Wärmeübergang am Boden in eine weitgehend aus Feststoffen bestehende Schicht statt. Für diese gibt es aber keine Temperaturbegrenzung wie für die Flüssigkeit im Sinne der Dampfdruckkurve (die Phasengleichgewichtstemperatur ist durch den Druck bestimmt), und es kommt zu so hohen Temperaturen, dass z. B. die Erbsensuppe anbrennt.

Eine Gegenmaßnahme besteht darin, vor dem erneuten Schließen des Deckels durch Umrühren wieder für einen hinreichend hohen Flüssigkeitsanteil in unmittelbarer Bodennähe zu sorgen.

## Weitergehende Betrachtungen

Um Details der Temperaturerhöhung im Kochgut genauer beschreiben zu können, sollte zunächst geklärt werden, welchen Wert die sog. BIOT-ZAHL

$$\mathrm{Bi} = \frac{\alpha L}{\lambda_{\mathrm{K}}} \tag{21.1}$$

besitzt. Dies ist eine dimensionslose Kennzahl mit deren Hilfe verschiedene Wärmeübergangsszenarien unterschieden werden können. Dabei ist $\alpha$ der WÄRMEÜBERGANGSKOEFFIZIENT an der Kochgutoberfläche, $L$ eine charakteristische Länge und $\lambda_{\mathrm{K}}$ die Wärmeleitfähigkeit des Körpers (hier: Kochgut). Für sehr kleine Biot-Zahlen ($\mathrm{Bi} \to 0$) liegt eine nahezu gleichförmige (aber zeitabhängige) Temperatur im Körper vor. Für sehr große Biot-Zahlen ($\mathrm{Bi} \to \infty$) können Temperaturunterschiede im Außenraum in guter Näherung vernachlässigt werden. Beides wird später näher erläutert.

Typische Zahlenwerte für Kochvorgänge im Dampfdruck-Kochtopf sind z. B. für kleine Kartoffeln:

- $\alpha = 50\,\mathrm{W/m^2\,K}$ (natürliche Konvektion)

- $L = 0{,}02\,\mathrm{m}$ (Kartoffel-Durchmesser von 2 cm)

- $\lambda_\mathrm{K} = 0{,}6\,\mathrm{W/m\,K}$ (Wert von Wasser, aus dem Kartoffeln überwiegend bestehen)

Mit diesen Werten ergibt sich eine Biot-Zahl $\mathrm{Bi} = 1{,}67$, die nicht in der Nähe einer der beiden Grenzfälle $\mathrm{Bi} \to 0$ oder $\mathrm{Bi} \to \infty$ liegt. Damit muss im Rahmen einer theoretischen Betrachtung (leider) das vollständige Problem gelöst werden, ohne dass (bezogen auf das Kochgut) außen oder innen eine deutliche Vereinfachung der Berechnung möglich wäre.

Alternativ wird die Kartoffel jetzt gedanklich in kleine Würfel geschnitten. Mit einer Kantenlänge von 2 mm ergibt sich eine Biot-Zahl $\mathrm{Bi} = 0{,}167$, die in der Nähe von 0,1 liegt. Dieser Wert wird allgemein als klein genug angesehen, damit in guter Näherung die physikalische Situation vorliegt, die in Bild 21.2 für $\mathrm{Bi} \to 0$ skizziert ist. Anstelle einer allmählichen Erwärmung wird jetzt angenommen, dass die Kartoffelstückchen mit einer Anfangstemperatur $T_0$ in das heiße Wasser der Temperatur $T_\infty$ gegeben werden. Für die dann eintretende instationäre Erwärmung gilt[1]

**Tabelle 21.1:** Beteiligte physikalische Größen

| Symbol | Einheit | Bedeutung |
|---|---|---|
| $\Theta$ | - | dimensionslose Temperatur |
| $T$ | °C | Temperatur zum Zeitpunkt $t$ |
| $T_0$ | °C | Anfangstemperatur, hier: 20 °C |
| $T_\infty$ | °C | Temperatur des heißen Wassers |
| $\alpha$ | $\mathrm{W/m^2\,K}$ | Wärmeübergangskoeffizient, hier: $50\,\mathrm{W/m^2\,K}$ |
| $L$ | m | Kantenlänge |
| $A$ | $\mathrm{m^2}$ | Übertragungsfläche, hier: $6\,L^2$ |
| $V$ | $\mathrm{m^3}$ | Volumen, hier: $L^3$ |
| $\varrho$ | $\mathrm{kg/m^3}$ | Dichte, hier: $10^3\,\mathrm{kg/m^3}$ |
| $c$ | kJ/kg K | spezifische Wärmekapazität, hier: 4,2 kJ/kg K |
| $t$ | s | Zeit |

[1]Details dazu z. B. in: Herwig, H.; Moschallski, A. (2009): Wärmeübertragung / Physikalische Grundlagen - Illustrierende Beispiele - Übungsaufgaben mit Musterlösungen, Vieweg + Teubner Verlag, 2. Aufl., Wiesbaden

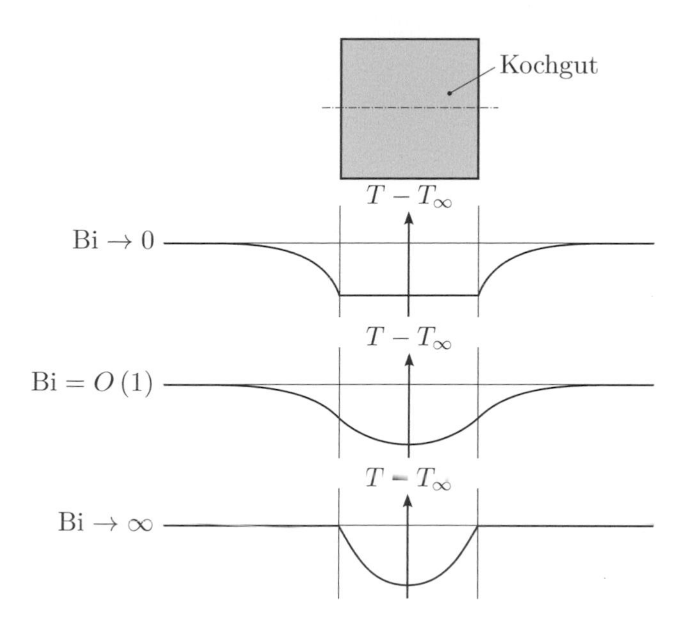


**Bild 21.2:** Prinzipieller Temperaturverlauf bei der instationären Erwärmung eines Körpers. Gezeigt ist die Temperaturverteilung entlang der gestrichelten Linie im oberen Bildteil zu einem bestimmten Zeitpunkt als Differenz zur Temperatur in größerer Entfernung vom Kochgut ($T_\infty$).

$$\Theta = \frac{T - T_0}{T_\infty - T_0} = 1 - \exp\left(\frac{-\alpha\, A}{c\, \varrho\, V}\, t\right) \tag{21.2}$$

für Bi → 0 mit den einzelnen Größen aus Tab. 21.1. Die Auswertung mit den Zahlenwerten aus dieser Tabelle ergibt $\Theta = 1 - \exp(-3{,}57 \cdot 10^{-2}\, t)$ mit $t$ in Sekunden.

Damit kann jetzt ermittelt werden, nach welchen Zeiten, abhängig von der Temperatur $T_\infty$, in den Kartoffelstückchen die Mindesttemperatur von $T = 70\,°\mathrm{C}$ erreicht wird, ab der entscheidende chemische Reaktionen einsetzen. Solche Werte sind als $t_{70}$ in Tab. 21.2 enthalten. Für Wassertemperaturen zwischen 90 °C und 100 °C dauert es etwa eine halbe Minute, bis die Kartoffelstückchen diese Grenztemperatur erreicht haben.

**Tabelle 21.2:** Zeiten bis zum Erreichen der Temperatur $T = 70\,°\mathrm{C}$: $t_{70}$; $\Theta_{70}$ nach der Definition in Gl. (21.2)

| $T_\infty$ in °C | $\Theta_{70}$ | $t_{70}$ in s |
|---|---|---|
| 100 | 0,625 | 27,463 |
| 90 | 0,714 | 35,077 |
| 80 | 0,833 | 50,169 |

## Ein einfaches Experiment

Für Kartoffelstücke mit einer Kantenlänge $L = 20\,\mathrm{mm}$ sind Temperatur/Zeit-Kurven aufgenommen worden, indem mit einem Thermoelement die Temperatur im Inneren der Kartoffelstücke gemessen wurde. Dies entspricht den zuvor angestellten Überlegungen für Kartoffeln mit dem Durchmesser von 2 cm.

Bild 21.3 zeigt den raschen Temperaturanstieg, wenn die Kartoffelstücke in Wasser mit der Temperatur $T_\infty = 90\,°\mathrm{C}$ gegeben werden. Die Ausgangstemperatur war dabei $T_0 = 20\,°\mathrm{C}$. Obwohl hier eine Biot-Zahl $\mathrm{Bi} = 1{,}67$ vorliegt, die deutlich größer als 0,1 ist, ergibt eine Auswertung von Gl. (21.2) mit $\alpha = 50\,\mathrm{W/m^2\,K}$ einen zumindest qualitativ ähnlichen Verlauf wie bei den Messungen. Eine gewünschte Temperatur von 70 °C ist im vorliegenden Fall etwa nach sechs Minuten erreicht.

Nimmt man die Kartoffelstücke, die bereits 90 °C erreicht haben, wieder aus dem heißen Wasser, so kühlen sie in der Umgebungsluft mit $T_\mathrm{U} = 20\,°\mathrm{C}$ relativ schnell ab. Die Temperatur von 70 °C wird z. B. nach vier Minuten erreicht. Hierbei ergibt eine Anpassung von Gl. (21.2) mit $\alpha = 20\,\mathrm{W/m^2\,K}$ eine qualitative Übereinstimmung. Der deutlich niedrigere Wert von $\alpha$ in der Abkühlphase spiegelt den schlechteren Wärmeübergang durch natürliche Konvektion in Luft (im Vergleich zu Wasser) wieder.

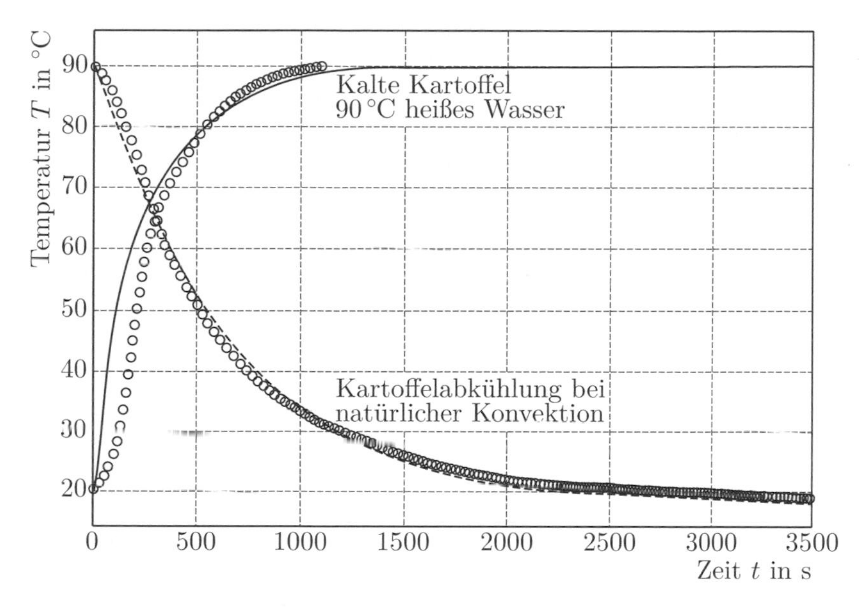


**Bild 21.3:** Temperaturverlauf im Inneren von Kartoffelstücken der Kantenlänge $L = 20\,\text{mm}$ mit $T_0 = 20\,°\text{C}$ und $T_\infty = 90\,°\text{C}$

—— Aufwärmphase ($\alpha = 50\,\text{W/m}^2\,\text{K}$)

- - - Abkühlphase ($\alpha = 20\,\text{W/m}^2\,\text{K}$)

○○○ Messwerte

**33** **Das Phänomen:** Der Spaß beim Schlittschuhlaufen kann sehr getrübt sein, wenn das Eis "stumpf" ist

Im Normalfall gleiten Schlittschuhläufer geradezu ungehemmt auf der Eisfläche dahin. Es gibt aber auch Situationen, in denen das Eis "stumpf" zu sein scheint, so als wäre die Eisoberfläche auf seltsame Weise verändert.
Eine genaue Beobachtung zeigt, dass dies eintritt, wenn besonders niedrige Temperaturen herrschen.

**Bild 33.1:** Pirouetten drehende Schlittschuhläuferin auf "glattem Eis"

# ...und die Erklärung

Wenn Eis "stumpf" ist, liegt offensichtlich eine physikalisch andere Situation als im Normalfall vor. Prinzipiell handelt es sich beim Schlittschuhlaufen um einen Vorgang des Gleitens zwischen zwei Materialien, dem Stahl des Schlittschuhs und dem Eis. Unterstellt man zunächst, dass auch das Eis als Festkörper agiert, so handelt es sich um eine Gleitreibungssituation zwischen zwei Feststoffen. Dafür gilt generell, dass die Widerstandskraft proportional zur Anpresskraft ist, bei einer horizontalen Gleitebene also proportional zur Gewichtskraft. Als Proportionalitätsfaktor tritt der sog. *Gleitreibungskoeffizient* $\mu_G$ auf, der je nach Materialpaarung unterschiedliche Werte besitzt, aber nicht nennenswert von der Oberflächenbeschaffenheit, der Größe der Kontaktfläche oder der Gleitgeschwindigkeit abhängt. Dieser Koeffizient stellt das Verhältnis der beiden beteiligten Kräfte dar. Als typische Werte findet man für die Materialpaarung Stahl/Stahl $\mu_G = 0{,}12$, für die Paarung Stahl/Eis aber einen um eine Größenordnung kleineren Wert $\mu_G = 0{,}014$. Diese Werte sind stets kleiner als die sog. *Haftreibungskoeffizienten* $\mu_H$, die das maximale Kräfteverhältnis angeben, ohne dass ein Gleiten einsetzt. Typische Werte für die genannten Stoffpaarungen sind $\mu_H = 0{,}15$ für Stahl/Stahl und $\mu_H = 0{,}027$ für Stahl/Eis.

Wenn nun beim Schlittschuhlaufen deutliche Unterschiede in der Widerstandskraft auftreten, die als Wirkung von "stumpfem" und "glattem" Eis interpretiert werden können, so muss eine zweite, physikalisch vom Gleiten zwischen zwei Festkörpern verschiedene Situation auftreten. In der Tat ist dies der Fall, wenn das Eis unter den Schlittschuhkufen lokal und momentan schmilzt und damit zwischen dem Eis und den Schlittschuhkufen ein dünner Wasserfilm entsteht. Dieser wirkt wie ein Schmiermittel und verhindert den direkten Stahl/Eis-Kontakt und damit auch die

Gleitreibung im eingangs beschriebenen Sinne. Bei sehr niedrigen Temperaturen ist das Eis aber "stumpf", d. h., es liegt Gleitreibung ohne einen Wasser-Schmierfilm vor, weil die Verhältnisse unter den Schlittschuhkufen nicht zu einem lokalen Phasenwechsel hin zu flüssigem Wasser führen. Wann ein solcher Phasenwechsel unter den Schlittschuhkufen auftritt, und wann nicht, soll im nachfolgenden Abschnitt noch genauer untersucht werden.

## Weitergehende Betrachtungen

Als Erklärung für die Ausbildung eines dünnen Wasserfilms unter den Schlittschuhkufen wird häufig die sog. Wasseranomalie angeführt. Ein Aspekt des besonderen Verhaltens von Wasser ist der Verlauf der Schmelzdruckkurve, d. h. der Gleichgewichtsbedingung zwischen der festen Phase (Eis) und der flüssigen Phase (Wasser). Bild 33.2 zeigt ihren prinzipiellen Verlauf mit der Besonderheit, dass sie (leicht) nach links geneigt ist. Damit ist prinzipiell folgende Erklärung für die Ausbildung eines Wasserfilms möglich: Während bei einer Umgebungstemperatur $T_U < 0\,°C$ unter unbelasteten Schlittschuhkufen ein Zustand im Eisgebiet vorliegt, ändert sich der Zustand bei einer Gewichtsbelastung durch den dann erhöhten Druck so, dass er nach Überschreiten der Schmelzdruckkurve jetzt im Flüssigkeitsgebiet liegt, wie dies in Bild 33.2 eingezeichnet ist. Statt des Gleitens zwischen zwei Festkörpern liegt dann das Gleiten auf einem Wasserfilm vor.

Diese Erklärung klingt plausibel, hält aber einer genaueren Überprüfung nicht stand! Zwei gewichtige Gegenargumente sind:

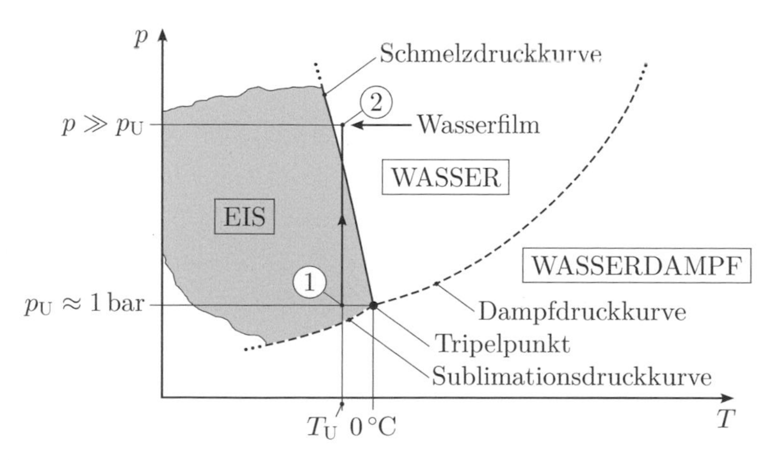


**Bild 33.2:** Prinzipieller Verlauf der Schmelzdruckkurve von Wasser im Druck-, Temperatur-Zustandsdiagramm;

Überschreiten der Schmelzdruckkurve durch Druckerhöhung zwischen zwei Zuständen ① und ②

(1) Wenn der Druck-Effekt entscheidend ist, müsste ein Schlittschuhläufer im Stand langsam in das Eis einsinken, was offensichtlich nicht der Fall ist.

(2) Eine zahlenmäßige Überprüfung des Druck-Arguments ergibt, dass sich unter den Schlittschuhkufen Drücke von etwa 25 bar einstellen.[1] Damit verbunden ist aber nur eine Abnahme der Schmelztemperatur (linksgeneigte Schmelzdruckkurve) von ca. 0,2 °C, so dass bei Umgebungstemperaturen nur wenig unter 0 °C kein Überschreiten der Schmelzdruckkurve durch eine Druckerhöhung stattfinden kann.

Da aber offensichtlich ein Wasserfilm vorliegt, muss es eine andere Erklärung geben: Entscheidend ist eine Temperaturerhöhung unter den Schlittschuhkufen. Diese entsteht im ersten Moment durch Reibungseffekte bei der Gleitreibung. Sie schmilzt das Eis lokal und momentan auf und bildet dabei den Flüssigkeitsfilm. Im Weiteren entstehen Temperaturerhöhungen unter den Schlittschuhkufen dann durch Dissipationseffekte in diesem Film. Aus strömungsmechanischer Sicht handelt es sich dabei in guter Näherung um eine sog. *Couette-Strömung* (s. Bild 33.3), in der hohe Schubspannungen und damit auch hohe Geschwindigkeitsgradienten auftreten. Durch die Dissipation in diesem Flüssigkeitsfilm wird mechanische in innere Energie verwandelt, was zu einer entsprechenden Temperaturerhöhung führt. Die Stärke der Dissipation ist proportional zum Quadrat des lokalen Geschwindigkeitsgradienten, der in dünnen Filmen extrem hoch sein kann, wie Bild 33.3 zeigt.

Die im Dissipationsprozess aus der mechanischen Energie entstehende innere Energie wird zum Teil als Schmelzenthalpie benötigt, um den Phasenwechsel Eis → Wasser zu realisieren; der Rest findet sich in der Erwärmung der näheren Umgebung in und um den Film, während ein Teil an die weitere Umgebung abgegeben wird.

Die prinzipielle Erklärung für die Entstehung des Wasserfilms besteht also weiterhin in der Überschreitung der Schmelzdruckkurve, allerdings im Wesentlichen durch die zuvor beschriebenen thermischen Effekte. Dies ist in Bild 33.4 noch einmal bildlich dargestellt. Bei zu niedrigen Umgebungstemperaturen $T'_U$ in Bild 33.4

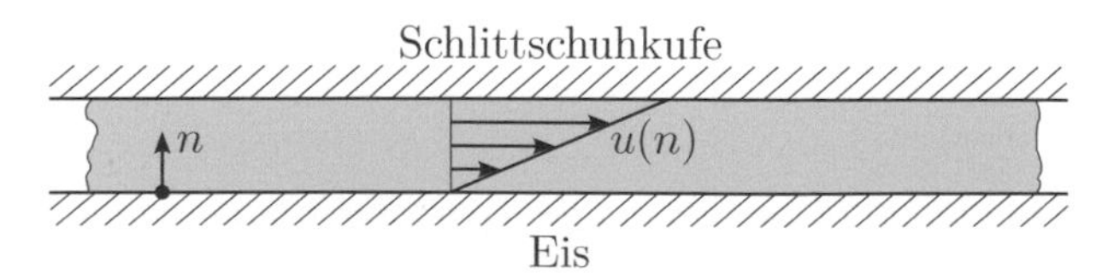


**Bild 33.3:** Couette-Strömung zwischen dem Eis und der Schlittschuhkufe mit hohem Geschwindigkeitsgradienten $\mathrm{d}u/\mathrm{d}n$

[1] Übernommen aus dem sehr lesenswerten Artikel: Vollmer, J.; Vetter, U. (2008): Schlittschuhlaufen: Warum ist Eis so glatt?, Welt der Physik, http://www.weltderphysik.de/thema/hinter-den-dingen/winterphaenomene/schlittschuhlaufen/

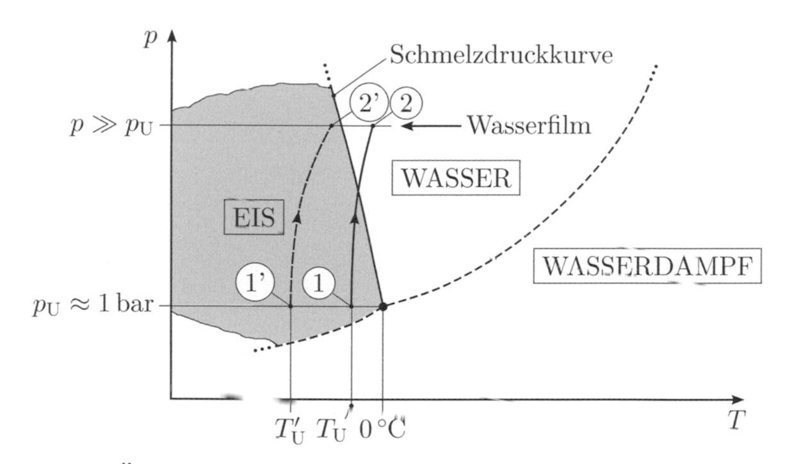


**Bild 33.4:** Überschreiten der Schmelzdruckkurve von Wasser im Druck-, Temperatur-Zustandsdiagramm durch thermische Effekte (Dissipation mechanischer Energie) zwischen zwei Zuständen (1) und (2)

(1') → (2'): Kein Überschreiten der Schmelzdruckkurve; Gleitreibung bei (2')

reichen diese thermischen Effekte nicht aus, um im Punkt (2') in Bild 33.4 einen Wasserfilm zu bilden. Dann ist das Eis "stumpf", d. h., es liegt Gleitreibung zwischen zwei Feststoffen vor (Stahl/Eis).

Wollte man die Vorgänge im Detail genau analysieren, müsste dafür ein großer Modellierungsaufwand getrieben werden. Es wäre erforderlich, die genauen Verhältnisse unter den Schlittschuhkufen zu ermitteln, die je nach Position unter den Kufen verschieden sein werden. Dabei müssten auch instationäre Effekte Berücksichtigung finden, was insgesamt eine äußerst komplexe Analyse ergeben würde. Die Empfehlung ist stattdessen: Diesen komplizierten Vorgang einfach zu nutzen und mit Genuss auf dem "glatten Eis" dahinzugleiten!

**35** **Das Phänomen:** Eine zeitweise nicht genutzte Wohnung wird trotzdem geheizt, oder doch besser nicht?

Dass die Heizung in einer Wohnung bei längeren Urlauben sinnvollerweise abgestellt werden sollte, ist unbestritten. Es stellt sich aber die Frage, ob dies bei kürzeren Abwesenheitszeiten von ein, zwei Tagen oder gar nur von wenigen Stunden sinnvoll ist. Generell geht es in diesem Zusammenhang um eine Abwägung zwischen Komfort und dem dafür erforderlichen Energieeinsatz.

**Bild 35.1:** Bei Verlassen des Hauses grundsätzlich die Heizung abstellen?

# ...und die Erklärung

Das Problem ist vielschichtiger als es im ersten Moment erscheint, weil folgende fünf Aspekte zusammen betrachtet werden müssen:

(1) Ein Raum, der eine gewünschte Temperatur oberhalb der Umgebungstemperatur beibehalten soll, muss beheizt werden, weil Verluste durch abfließende Wärmeströme (unzureichende Wärmedämmung) kompensiert werden müssen. Diese abfließenden Wärmeströme sind proportional zur Temperaturdifferenz zwischen dem Raum und der Umgebung $\Delta T = T_\mathrm{R} - T_\mathrm{U}$. Ein Absenken von $\Delta T$ verringert damit die Verluste sowie den zur Kompensation erforderlichen Energiestrom in den Raum.

(2) Nach einer Abschaltperiode wird die Heizung wieder angestellt, es dauert aber eine gewisse Zeit, bis die Raumluft wieder den gewünschten Wert erreicht. Es entsteht also eine gewisse Unbehaglichkeitsperiode und damit ein Komfortverlust.

(3) Auch wenn die Raumluft in einem Aufheizvorgang bereits den gewünschten Wert erreicht hat, sind die Wände noch kälter als im endgültigen beheizten Zustand. Dies führt zu einem Unbehaglichkeitsgefühl, weil ein Teil (etwa 40 %) des menschlichen Wärmehaushalts durch einen Strahlungsaustausch mit den umgebenden Flächen realisiert wird, s. dazu das Phänomen Nr. 43 zum Thema des menschlichen Wärmehaushalts. Damit wird ein Raum als kalt empfunden, "obwohl" die Luft im Raum bereits die gewünschte Endtemperatur erreicht hat. Die im vorigen Punkt genannte Unbehaglichkeits-

periode ist also erst zu Ende, wenn auch die umschließenden Wände wieder die Endtemperatur erreicht haben.

(4) Eine Heizung steht nach Erreichen des Endzustands bei einer bestimmten "Betriebseinstellung"[1]. Diese würde einen abgekühlten Raum aber erst nach sehr langer Zeit auf den gewünschten Endzustand bringen, so dass man zunächst eine höhere Heizleistung einstellen wird. Dabei ist aber damit zu rechnen, dass mehr Heizenergie in den Raum gegeben wird als eigentlich für das erneute Aufheizen und die anschließende Verlust-Kompensation erforderlich ist. Dies kann leicht geschehen, weil keine exakte Regelung vorhanden ist und der Mensch als Teil des tatsächlichen Regelkreises nur unzulänglich agiert.

(5) In einem Raum herrscht zu einem bestimmten Zeitpunkt keineswegs eine einheitliche Temperatur. In der Nähe der Heizflächen werden die Temperaturen stets deutlich höher sein, als in weiter entfernten Bereichen. Zusätzlich ist zu beachten, dass das Temperaturempfinden des Menschen stark von möglichen Strömungsgeschwindigkeiten in der Nähe der Körperoberfläche beeinflusst wird (s. dazu auch das Phänomen Nr. 42 zum Thema der gefühlten Temperatur). In den weiteren Betrachtungen muss aber jeweils eine einheitliche, räumlich gemittelte Temperatur $T_{\mathrm{R}}$ (als Funktion der Zeit) unterstellt werden, da genauere Angaben nicht verfügbar sind. Ebenso kann der Einfluss möglicher Strömungen nicht konkret berücksichtigt werden, da auch dazu genauere Angaben fehlen.

Insgesamt ergibt sich damit eine Situation, die im Einzelfall sehr genau betrachtet werden muss. Dabei zählen nicht nur objektive Kriterien, wie die gewünschte Temperatur, sondern auch die subjektive Bereitschaft, eine Unbehaglichkeitsperiode in Kauf zu nehmen oder eben auch, dies nicht zu tun (und dafür den entsprechenden Preis für die erhöhten Energiekosten zu bezahlen).

## Weitergehende Betrachtungen

Für eine genauere Betrachtung der Verhältnisse beim Abschalten der Heizung in einem Raum für eine Zeitspanne $\Delta t = t_{\mathrm{an}} - t_{\mathrm{aus}}$ wird im Folgenden von einer zeitabhängigen, aber jeweils räumlich konstanten (und damit mittleren) Temperatur $T_{\mathrm{R}}$ im Raum ausgegangen. Die Umgebungstemperatur wird als zeitunabhängig konstanter Wert $T_{\mathrm{U}}$ unterstellt. Tabelle 35.1 enthält alle bisher genannten und im Folgenden auftretenden Größen. Die thermischen Verhältnisse bzgl. des Raums können in guter Näherung durch einen konstanten Wärmedurchgangskoeffizienten $k$ charakterisiert werden, so dass nach Erreichen der gewünschten Raumtemperatur $T_{\mathrm{R}\,\infty}$ ein konstanter Kompensations-Wärmestrom (aufgebracht durch die Heizung)

[1]Je nach Heizbedarf ist dies eine bestimmte Stufe des Thermostats, eine bestimmte Heizleistung oder eine von mehreren Komfortstufen.

**Tabelle 35.1:** Beteiligte physikalische Größen

| Symbol | Einheit | Bedeutung |
|---|---|---|
| $t$ | s | Zeit |
| $t_{\text{an}}$ | s | Zeitpunkt des Wiederanschaltens |
| $t_{\text{aus}}$ | s | Zeitpunkt des Ausschaltens |
| $T_{\text{U}}$ | °C | Umgebungstemperatur |
| $T_{\text{R}}$ | °C | momentane Raumtemperatur |
| $T_{\text{R}\,\infty}$ | °C | endgültige Raumtemperatur |
| $A$ | $\text{m}^2$ | Wärmeübertragungsfläche |
| $k$ | $\text{W/m}^2\,°\text{C}$ | Wärmedurchgangskoeffizient |
| $\dot{Q}_\infty$ | W | Heiz-Wärmestrom |
| $Q_\infty$ | J | Heiz-Energie im Dauerbetrieb |
| $Q$ | J | Heiz-Energie im Aufheizvorgang |

$$\dot{Q}_\infty = k\,A\,(T_{\text{R}\,\infty} - T_{\text{U}}) \tag{35.1}$$

erforderlich ist, um diese Temperatur $T_{\text{R}\,\infty}$ zu halten.

Das Ziel der Heizungsunterbrechung ist es, diesen Wärmestrom zeitweise zu reduzieren bzw. die in einer Zeitspanne $t_2 - t_1$ erforderliche Heizenergie

$$Q = \int_{t_1}^{t_2} \dot{Q}\,\mathrm{d}t \tag{35.2}$$

zu verringern. Dabei soll $t_1$ der Zeitpunkt sein, zu dem die Heizung ggf. ausgeschaltet wird. Zum Zeitpunkt $t_2$ ist dann wieder der ursprüngliche Zustand erreicht, gekennzeichnet durch die ursprüngliche Temperatur $T_{\text{R}\,\infty}$ und den ursprünglichen Kompensations-Wärmestrom $\dot{Q}_\infty$, s. dazu auch das nachfolgende Bild 35.2.

Wenn mit $Q_\infty$ die Energie bezeichnet wird, die in dieser Zeitspanne bei dauerhaft eingeschalteter Heizung anfallen würde, geht es darum, dass

$$Q_\infty - Q = \int_{t_1}^{t_2} \left(\dot{Q}_\infty - \dot{Q}\right) \mathrm{d}t \tag{35.3}$$

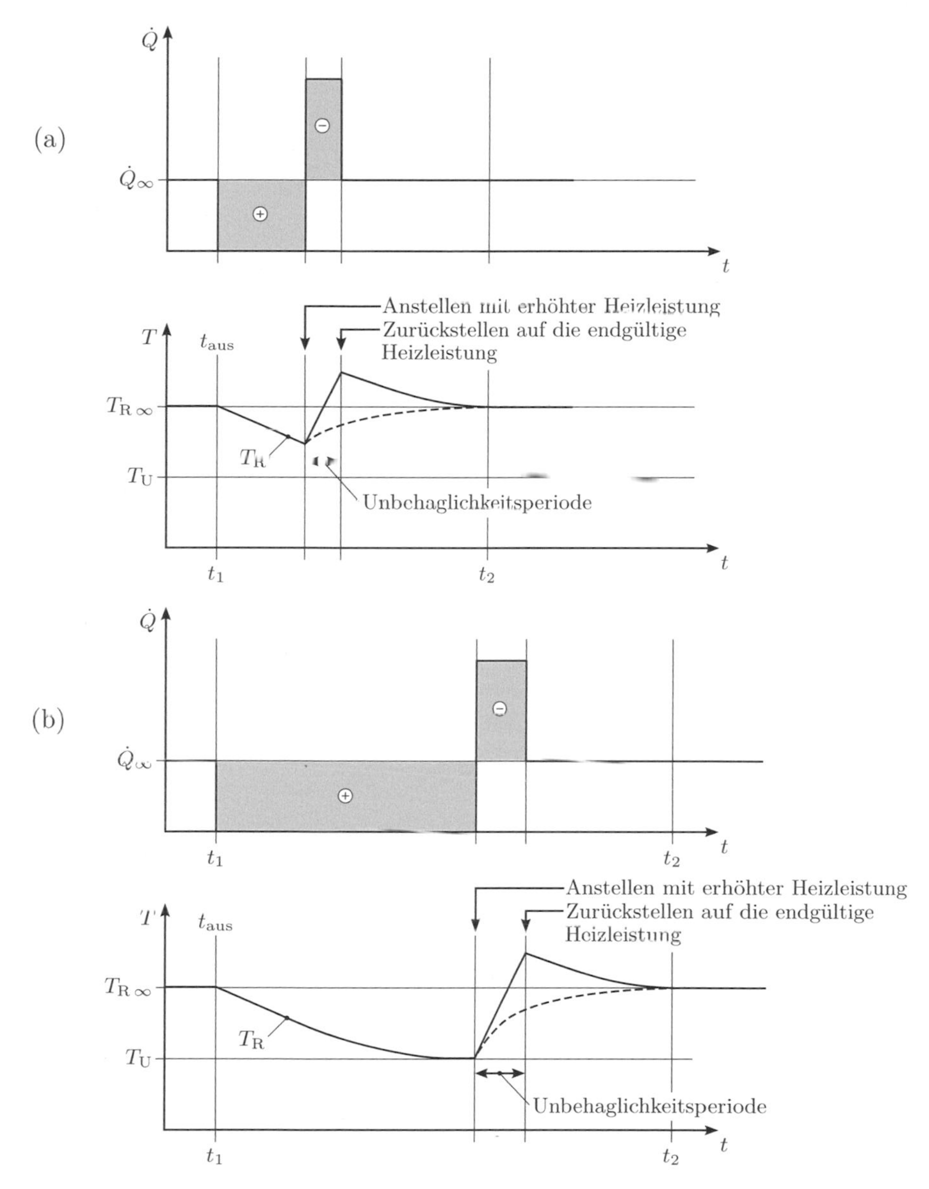


**Bild 35.2:** Mittlere Temperaturen $T_R$ im Raum bei Abschalten der Heizung zum Zeitpunkt $t_{aus}$ und Wiederanschalten mit erhöhter Heizleistung bis zum Zeitpunkt des Zurückkehrens sowie die zugehörige Heizleistung $\dot{Q}$

Auswerte-Zeitraum: $t_1$ bis $t_2$

⊕: positiver Effekt ⊖: negativer Effekt

(a) kurzzeitiges Ausschalten

(b) langzeitiges Ausschalten

einen möglichst großen (positiven) Wert annimmt. Dies kann mit $Q_\infty = \int_{t_1}^{t_2} \dot{Q}_\infty \, dt$ auch wie folgt geschrieben werden

$$\frac{Q_\infty - Q}{Q_\infty} = \frac{1}{Q_\infty} \int_{t_1}^{t_2} \left(\dot{Q}_\infty - \dot{Q}\right) dt \qquad (35.4)$$

und gibt damit den prozentualen Anteil der Energie an, die in der Zeitspanne $\Delta t = t_2 - t_1$ eingespart werden kann.

Bild 35.2 zeigt für ein kurzzeitiges und ein langzeitiges Ausschalten der Heizung die prinzipiellen Temperaturverläufe $T_R$ über der Zeit sowie die zugehörigen Heizleistungen. Der gestrichelt eingezeichnete Temperaturverlauf würde entstehen, wenn mit dem Einschalten sofort nur die Heizleistung gewählt wird, die auch für große Zeiten gilt (wie vor dem Ausschalten). Dann würde jedoch eine lange Unbehaglichkeitsperiode entstehen.

In Bild 35.2 entsprechen die grauen Flächen, die mit ⊕ markiert sind, der zunächst eingesparten Heizenergie. Die mit ⊖ markierten Flächen entsprechen der zusätzlich eingesetzten Energie während der Zeit mit erhöhter Heizleistung. Daran wird deutlich, wann es sich lohnt, die Heizung abzuschalten: Die ⊕-Fläche muss größer sein als die ⊖-Fläche. Dies ist bei längerer Heizunterbrechung sicherlich der Fall, nicht aber stets auch bei kurzen Unterbrechungen.

Es muss also bedacht werden, wie man sich nach dem Einschalten der Heizung verhält. Wenn die Unbehaglichkeitsperiode möglichst kurz sein soll, unterliegt man (wie gezeigt) der Gefahr, letztlich mehr Energie einzusetzen, als es bei einem kontinuierlichen Heizbetrieb der Fall gewesen wäre. Ein Tipp: Den Nachbarn bitten, die Heizung so rechtzeitig wieder mit der ursprünglichen Heizleistung einzustellen, dass die dann relativ lange Unbehaglichkeitsperiode vorüber ist, wenn man zurückkehrt.